島村の養蚕農家群と遺跡

島村沿
島村の歴
地図を示
を語ると

田島弥平(現当主　健一)宅
島村蚕種業の発展に寄与した田島弥平の住宅。養蚕農家の姿をよく残しています。

島小学校
島小学校の校章は桑の葉、蛾、繭の３つを組合わせた珍しいデザインです

田島善一宅（北東方面より見る）
入母屋造りの養蚕農家。島村ではあちこちでのどかな農村風景が見られます。

島村蚕種業績碑
蚕種製造所の跡地の公園に建ち、往年の繁栄を称えています。

菅原神社

宝性寺

田島弥平顕彰碑
弥平の娘「たみ」によって、明治27年に建てられました。石は東京の石材屋で購入され、利根川の舟運で運ばれたといいます。

田島亀夫宅
２棟並んだ景観を得るには、ちょっと南に離れた地点がビューポイントです。

金井烏洲の墓
金井家一族の墓地内にあり代々、文人(文化人)を輩出し烏洲は幕末に活躍した人で、優れた才を示しました。

上州《じょうしゅう》島村《しまむら》シルクロード

―蚕種《さんしゅ》づくりの人びと―

橋《はし》本《もと》由《よし》子《こ》 作

日向山《ひなたやま》寿《す》十郎《じゅうろう》 絵

もくじ

一　黄金《こがね》のふる村

1　目覚《めざ》め

慶応《けいおう》元年（一八六五）七月。

まっ暗《くら》な二階《かい》の蚕室《さんしつ》（蚕《かいこ》を飼《か》う部屋《へや》）にとじこめられた壮太郎《そうたろう》は、階段《かいだん》の下《お》り口《くち》をぴたっととざした板戸《いたど》をたたきつづけている。

「おーい、かあさん！　腹《はら》へったよう。仕事《しごと》するからさあ下《お》ろしてくれよう」

返事《へんじ》はなかった。板戸は下からでないとあけられない。

「チェッ」

壮太郎は、あきらめて蚕室にもどり、ごろんと横《よこ》になった。

昼間、大勢《おおぜい》の男衆《おとこしゅ》と女衆《おんなしゅ》でそうぞうしかった家もしんとしずまり、ホーホーとフクロウの鳴く声がきこえるだけである。

「蚕種《さんしゅ》づくりなんて大きらいだ。かあさんは目の色をかえてさわぎたてるし、跡取《あとと》りだからっておいらまで使《つか》おうってんだから」

壮太郎は一一歳《さい》、やせっぽちで切れ長の目をしている。

村の塾《じゅく》にかよっていた。

利根川《とねがわ》べりの上野《こうずけ》の国佐位郡島村《くにさいぐんしまむら》（群馬県伊勢崎市境島村《ぐんまけんいせさきしさかいしまむら》）の蚕種業者《ぎょうしゃ》（蚕種をつくる人）田《た》島弥吉《じまやきち》・しんの長男で、九歳の妹りょうと二歳の弟成二《せいじ》がいる。

蚕種というのは蚕の卵《たまご》のことで、ゴマつぶほどの大きさの卵が植物《しょくぶつ》の種《たね》に似《に》ていることから蚕種またはサンタネとよばれていた。

蚕は、桑《くわ》の葉《は》を食べてそだち繭《まゆ》をつくる。その繭をつむぐと生糸《きいと》になり、生糸を織《お》ったものが絹《きぬ》である。

ふつうの養蚕《ようさん》は、だいたい春、夏、秋に蚕を飼い繭を売っておわるが、蚕種づくりは、春のメス蛾《が》に卵を産《う》ませ、それを売る仕事である。

蚕種は横浜《よこはま》から外国に輸出《ゆしゅつ》され、高値《たかね》で売れていた。

壮太郎の家は、年一回の蚕種の収入《しゅうにゅう》でほぼ一年間生活しているので、春の三か月間の蚕種づくりは、人をたのみ、家族《かぞく》が全力《ぜんりょく》でとりくむ。蚕が繭をつくるようになると手伝《てつだ》いの男女も三〇人くらいにふえて、壮太郎は塾から帰ると男衆にまじって手伝わされた。

しかし、繭をつくる前のすきとおってきた蚕をひろいあつめるのも、まぶしから繭をとりだす仕事もいやでたまらない。

すこし手伝《てつだ》うとこっそり逃《に》げだして利根川《とねがわ》に魚取《と》りに行ってしまい、母ににらまれていた。

けさの母は、目がすわっていた。

「壮太郎《そうたろう》、きょうは一年中でいちばんいそがしい日なんだよ。夜まで手伝ってくれや」

「いいよ」

しかし、壮太郎の足は、じきに利根川にむいてしまった。

すぐ帰るつもりで、アミもバケツももたなかった。

さざ波《なみ》を立てた川面《かわも》に、小ブナがスーイスーイと黒い影《かげ》をおとしておよいでいる。小石をつかんでハッシとねらいうちすると、フナは白い腹《はら》を見せてうく。おもしろくてやめられない。

そこへ友だちがあつまってきてカルガモの卵《たまご》をみつけることになり、河原《かわら》をかけまわった。

夕方家に帰ると、母はものもいわず壮太郎を二階《かい》においやって、

「いいかい。絶対《ぜったい》おろしちゃなんないよ」

と、二階で仕事《しごと》をしている女衆《おんなしゅ》に念《ねん》をおした。

(だれが蚕種《さんしゅ》づくりの跡取《あとと》りなんかになるもんか)

壮太郎はすき腹をかかえたまま、蚕室《さんしつ》でうとうとしていた。

蚕室の両側《りょうがわ》の棚《たな》には、繭《まゆ》をのせた平《ひら》たい蚕《かいこ》かごがびっしりさしてある。

「壮太郎さん、壮太郎さん」

ふと、耳元《みみもと》で女の子の声がする。

とびおきると、お勝手《かって》を手伝っているゆりが、手燭《てしょく》の光の中に、おむすびとぬかづけのナスがのったおぼんをもって立っていた。

「しめた！」

壮太郎は、大きいみそむすびにとびついた。

「うまい」

ナスのしるをたらしながら、あっというまに三こをたいらげた。

「かあさんが、もって行けってか？」

ゆりは、まるい顔でわらって首をふった。それがかわいらしい。

「ありがと。おまえさん柿《かき》がすきだったなあ」

とたんにゆりは目をふせ、あわてて蚕かごの棚のほうに行ってしまった。

ゆりは、一〇歳《さい》だが小柄《こがら》で八歳くらいにしか見えない。

おととし、赤城《あかぎ》山のふもとの下田沢村《しもたざわむら》から弟の成二《せいじ》の子守《こもり》にきて、今はお勝手《かって》も手伝っていた。

父母は、わずかな田畑《たはた》をたがやし炭焼《すみや》きをしてくらしているという。

ゆりは、成二《せいじ》のめんどうをよくみて今でも成二にしたわれている。子守《こもり》をおえてお勝手《かって》の仕事《しごと》を手伝《てつだ》うようになっても、機転《きてん》がきき骨《ほね》おしみしないので、母のしんをはじめ手伝いの人たちに好《す》かれていた。

しんは、蚕種《さんしゅ》づくりがおわると、ゆりに読み書きや縫《ぬ》い物《もの》をおしえた。

ゆりがきてまもないころ、壮太郎《そうたろう》が、男衆《おとこしゅ》と魚取《と》りに行こうと早起《お》きして裏庭《うらにわ》にでると、柿《かき》の木の上でガサッと音がする。鳥かなとみあげると、ゆりが柿の実《み》をとっていた。

「サル、サル」と壮太郎がからかうと、ゆりはまっ赤《か》になって柿の木をすべりおり、家の中にかけこんだ。それからしばらくは壮太郎の顔をまともに見なかった。

蚕《かいこ》かごを見ていたゆりが、歓声《かんせい》をあげた。

「わぁ、繭《まゆ》がいっぱい。あら、蛾《が》よ、蛾の目玉がみえる！」

「蛾がでてくるなんてあたりまえさ」

と、言いながら壮太郎は、ゆりから手燭《てしょく》をとり黄色い繭《まゆ》を見まわした。島村《しまむら》では、国内売りの繭は白、輸出《ゆしゅつ》用は黄色い繭ときめられている。

「あ！」

ひとつの繭にすいよせられた。

繭のはしがぬれていて、小さい穴《あな》から黒ゴマのような目玉がふたつキョロンとあらわれた。つぎに蛾の頭が見えてきた。

蛾はなん回もなん回も穴をおしひろげ、やっと体の半分がでてくると、六本の足で繭につかまり、いっきに大きな腹《はら》をひきだした。

べったりとはりついていた羽が、ゆっくり開《ひら》きはじめた。

「おもしろいぞ！」

壮太郎の心の中で、なにかがはじけた。

「ほんと！　あんな小さい穴からよくねえ」

ゆりも、声をあわせた。

壮太郎が、べつの蚕かごを見ると、ひとつの繭の上に触角《しょっかく》をたて羽をひろげた蛾が、ひそと止まっている。

壮太郎は、メス蛾に卵《たまご》を産《う》ませるとなりの蚕室《さんしつ》へはしった。

ゆりがつづく。

そこでは蚕かごの上のへり木でかこまれた産卵紙《さんらんし》に、たくさんのメス蛾が卵を産んでいた。おしりをまわしながら、卵がかさならないようにおどるように産みつづけている。

びっしり産みつけられた卵は、まっ黄色い宝石《ほうせき》のようにかがやいていた。

壮太郎は、必死《ひっし》に卵を産みつづけるメス蛾から目がはなせない。

（卵《たまご》がこんなにきれいだったなんて、メス蛾《が》がこんなに一心不乱《ふらん》に卵を産《う》むなんてしらなかった！）

卵を産むメス蛾にひきつけられて、時のたつのをわすれた。

やがて、

「よし、蚕種《さんしゅ》をつくるぞ！」

壮太郎《そうたろう》のあかるい声が闇《やみ》にひびいた。

2　千両箱《せんりょうばこ》

秋になった。

ある晩《ばん》、壮太郎は、横浜《よこはま》で蚕種を売って千両箱《せんりょうばこ》をもち帰ったと、村中《むらじゅう》の評判《ひょうばん》になっている田島《たじま》佐久郎《さくろう》を、ともだち三人とたずねた。

佐久郎は剣術《けんじゅつ》の腕《うで》がたしかで、蚕種業者《ぎょうしゃ》の田島恭平《たじまきょうへい》の家の用心棒《ようじんぼう》をしており、おしこみ強盗《ごうとう》をなんども撃退《げきたい》し、「泣《な》く子もだまる佐久郎さん」と言われていた。六尺《しゃく》ゆたかな大男で三〇歳《さい》、妻《つま》と男の子がいる。壮太郎の家は親戚《しんせき》だった。

壮太郎が、一〇日ぶりに横浜から帰ってきた佐久郎に横浜の話をききたいと言うと、二日間は眠《ねむ》るからそのあとでと言われていた。

「さあさあ、壮《そう》ちゃんたち座敷《ざしき》におあがり」

背《せい》のたかいおかみさんが、むかえてくれた。

やがて、ぶしょうひげに埋《う》まった顔に目玉をギョロリとひからせた佐久郎があらわれた。左手首にほうたいをまいている。

「こんばんは。また横浜の話きかせてね」

「おう、壮ちゃんか。いいとも」

とたんに、佐久郎の目がやさしくなった。

「中山道《なかせんどう》で追《お》いはぎをやっつけてきたって……」

「ああ」

「すごいなあ。佐久郎さんは」

壮太郎と子どもたちは、あこがれるように佐久郎をみつめた。

中山道《なかせんどう》というのは、江戸《えど》（東京《とうきょう》）と京都《きょうと》をむすぶ街道《かいどう》である。

横浜《よこはま》で蚕種《さんしゅ》を売り、千両箱《せんりょうばこ》を馬につんだ佐久郎《さくろう》と馬子《まご》は、ずっとふたりのおいはぎにつけねらわれた。おいはぎは、佐久郎たちのとなりの部屋《へや》に宿《やど》をとり、ふたりがねこむのをまちかまえている。

佐久郎は、馬子をねかせ、千両箱にまたがり刀《かたな》をわきにおいてひと晩中《ばんじゅう》起《お》きていた。

「おいはぎは、中山道《なかせんどう》をつぎの日もつぎの日もおっかけてきやがって、とうとう三日三晩《ばん》ねずってわけよ」

「えっ、おいらひと晩だってねずにはいられないよ」

子どもたちは、口をそろえて言った。

「四日目、いよいよ夕方には島村《しまむら》さ。見えかくれについてきたおいはぎは、茶屋《ちゃや》でだんごを食べていたわしらにおそいかかってきた。わしは、とっさにだんごの皿《さら》をなげつけ、エイッヤッとおいはぎの刀《かたな》をはらいおとしたのさ。やつら、ほうほうのていでにげて行った」

「すごい！」

「その傷《きず》はどうしたん？」

「おいはぎの刀がかすっただけさ」

佐久郎は、豪快《ごうかい》にわらった。

「それで、蚕種いい値《ね》になったかい」

壮太郎《そうたろう》は、すかさずきいた。

「ああ」

「いくら？　うちで蚕種をたのんだおじさんは、まだ横浜から帰ってこないんだよ」

「一枚《まい》二両《りょう》」

佐久郎は、白い歯《は》を見せてわらった。

「わあい、二両だあ！　佐久郎さん。横浜には外国の船がいっぱいあるんだろう」

壮太郎は声をはずませてきいた。

「おお、あるとも。利根川《とねがわ》の船みたいに手でこぐんじゃないぞ。帆《ほ》もあげるが、ポーと蒸気《じょうき》ではしる大きい船で港《みなと》が埋《う》まりそうさ」

子どもたちが、どよめいた。

「横浜へ行ってみたいなあ。いつかつれてってくんな」

と、壮太郎は、目をかがやかせて言った。

「いいとも。つれてってやる」

「きっとだよ！」

壮太郎は、まだみぬ横浜を心にえがいた。

一八〇〇年代《だい》、ヨーロッパでは、フランス・イタリアを中心に養蚕《ようさん》と絹織物業《きぬおりものぎょう》がさかえていた。

ところが天保《てんぽう》一一年（一八四〇）、フランスで微粒子病《びりゅうしびょう》という蚕《かいこ》の伝染病《でんせんびょう》が発生《はっせい》し、当時ヨーロッパ全体《ぜんたい》の絹《きぬ》の約《やく》七〇パーセントを生産《せいさん》していたイタリアをはじめ、ヨーロッパ中に伝染《でんせん》した。

微粒子病は、蚕の体にゴマつぶほどの斑点《はんてん》ができ、蚕が桑《くわ》を食べなくなりやせほそって死《し》んでいく。蛾《が》は、羽がちぢれ触角《しょっかく》がまがる。

そのためヨーロッパでは養蚕《ようさん》が壊滅《かいめつ》にちかい状況《じょうきょう》になり、養蚕や絹織物業《きぬおりものぎょう》でくらしをたてている人たちに、大打撃《だげき》をあたえた。

養蚕をつづけるためには、微粒子病のない蚕種を毎年外国から輸入《ゆにゅう》する以外《いがい》に方法《ほうほう》はなかった。イタリア、フランスの蚕種商人《しょうにん》たちは、インド、中国から日本まで蚕種をもとめてやってきた。日本の蚕種は、微粒子病につよく、他《た》の国のどれよりも平均《へいきん》してまさっていたので、輸出《ゆしゅつ》をもとめられた。

しかし幕府《ばくふ》は、蚕種の輸出は生糸《きいと》の輸出をへらすとかんがえて許可《きょか》しなかったが、諸《しょ》外国が蚕種の輸出をつよくもとめてきたので、元治元年《げんじがんねん》（一八六四）ようやく輸出を許可した。

輸出が解禁《かいきん》になると、イタリアやフランスの蚕種商人がどっと日本に蚕種を買いにきたため、蚕種の値段《ねだん》はいっきょにはねあがり、全国《ぜんこく》の蚕種づくりは急増《きゅうぞう》した。

島村の蚕種づくりは、寛政《かんせい》一二年（一八〇〇）ごろ、奥州《おうしゅう》（福島県《ふくしまけん》）から清兵衛《せいべえ》という教師《きょうし》をまねいて、一二、三戸《こ》ではじめたという。島村では洪水《こうずい》がおおく、そのたびに農業《のうぎょう》が大被害《ひがい》をうけていたので蚕種づくりがひろまった。

輸出がはじまると、島村でも蚕種業者がふえ慶応《けいおう》三年（一八六七）には百戸をこえた。

さらに蚕種の値段は、年をおうごとに値上がりがつづき、（蚕種をつくるのは費用《ひよう》も手間《てま》もかかるが）安政《あんせい》六年（一八五九）と比《くら》べ、八年後の慶応三年には約《やく》一〇倍《ばい》になった。

島村の大きい蚕種業者は、年一度《ど》の三か月の蚕種づくりで、今のお金にして何千万から億《おく》の収《しゅう》入《にゅう》があったという。

島村では金貨《きんか》をおわんではかる、島村には黄金《こがね》の雨がふるなどと言われた。

やがて徳川幕府《とくがわばくふ》はほろび、明治時代《めいじじだい》にかわる。

富国強兵《ふこくきょうへい》をめざす新政府《せいふ》にとって、蚕種は、生糸《きいと》、茶《ちゃ》につぐ外貨獲得《がいかかくとく》のための重要《じゅうよう》な輸出品《ひん》になった。

3　春の利根《とね》

明治《めいじ》三年（一八七〇）、壮太郎《そうたろう》は一六歳《さい》。

長身《ちょうしん》で目もとのすずしい青年になった。

父をたすけて男衆《おことしゅ》のさきに立って働《はたら》き、夜は近くの蚕種《さんしゅ》業者の屋敷《やしき》内にある有為塾《ゆういじゅく》にかよった。

有為塾では、東京からまねいた有名《ゆうめい》な儒学者《じゅがくしゃ》たちから儒学（中国の孔子《こうし》の教えで、わが身《み》をみがき、それによって人をおさめる学問《がくもん》）をまなんだ。

塾では、ほかに国語、漢文《かんぶん》、珠算《しゅざん》、習字《しゅうじ》、養蚕《ようさん》などを教えた。


正月一三日、壮太郎の家では、繭《まゆ》の豊作《ほうさく》を祈願《きがん》して繭玉《まゆだま》をつくってかざる。

繭玉は、米の粉《こな》で繭の形をつくり蒸《む》したもので、大小二種類《しゅるい》ある。

大きい繭玉は、一六個桑《こくわ》の枝《えだ》にさして神棚《かみだな》のまえにかざり、小さい繭玉は、ヤナギやケヤキの枝

1　黄金のふる村

にさして座敷《ざしき》いっぱいにかざった。

壮太郎《そうたろう》は繭玉《まゆだま》かざりに両手《りょうて》をあわせ、ことしも繭《まゆ》が豊作《ほうさく》でありますようにと、いのった。

四月半ばになると、島村《しまむら》の蚕種《さんしゅ》づくりの家いえはきゅうに活気《かっき》づいてくる。七月半ばまで、蚕《かいこ》を飼《か》い繭からでてくる蛾《が》に卵《たまご》を産《う》ませる蚕種づくりに一年の大半《たいはん》の生計《せいけい》がかかっている。

「さあ、今年もはじめるぞ！」

壮太郎は、雪どけ水のつめたい利根川《とねがわ》に一歩足をふみいれた。

髪《かみ》の白い五作《ごさく》じいと、小柄《こがら》ですばしこい梅作《うめさく》がいっしょで、ふたりともすみこみで働《はたら》いている。

まず、平《ひら》たい蚕かごをタワシでシュッシュッとあらう。つぎに背負《しょい》いかごや棚《たな》をつくる竹の棒《ぼう》まであらうのでなん日もかかる。

壮太郎は、ふと腰《こし》をのばしあたりを見まわした。利根川の浅瀬《あさせ》は、洗い物をする人たちでにぎわっている。

北から西の空にかけて赤城《あかぎ》、榛名《はるな》、妙義《みょうぎ》の山やまが青くうき立ち、岸辺《きしべ》は、黄色い菜《な》の花と新《しん》緑《りょく》で埋《う》めつくされていた。

まっ白い帆《ほ》をあげた帆かけ船が、七つ八つ東からの風をうけ、つらなって三分川《さんぶがわ》をのぼって行く。

当時、利根川は北の七分川《しちぶかわ》、南の三分川と二すじ流《なが》れ、島村を北部《ほくぶ》、南部、中州《なかす》にわけていた。

北部に西から西島《にしじま》、北向《きたむかい》があり、南部に新地《しんち》、新野《しんの》、新田《しんでん》、立作《りゅうさく》、そして中州に前島《まえっちま》と前河原《まえがわら》村《むら》（のちに島村と合併《がっぺい》）があった。

村の戸数《こすう》は二六〇戸あまりである。

壮太郎の家は新地にあり、桑畑《くわばたけ》が一町《いっちょう》（一ヘクタール）ほどと、陸稲《おかぼ》や麦《むぎ》、野菜《やさい》をつくる畑と山林《さんりん》があり、すみこみの男衆《おとこしゅ》ふたりと女中がいる。蚕種づくりのときは三〇人くらい人をたのむ村では中堅《ちゅうけん》の蚕種業者であった。

江戸時代《えどじだい》、利根川は毎年のように洪水《こうずい》になり、畑が流《なが》されて安定《あんてい》した農業《のうぎょう》ができなかった。そこで蚕種づくりがはじまる前の村の人の七、八割《わり》は、船頭《せんどう》をかねていた。

利根川は、江戸《えど》（東京）へ年貢米《ねんぐまい》をはこんだり、江戸から信濃《しなの》の国《くに》（長野県《ながのけん》）、越後《えちご》の国（新潟《にいがた》県《けん》）方面《ほうめん》へ塩《しお》や日用品《ひん》をはこぶ重要な交通路《ろ》であった。

島村の船頭はおもに五料《ごりょう》（群馬県玉村町《ぐんまけんたまむらまち》）から江戸まで往復《おうふく》した。

島村から江戸まで三〇里《り》（約《やく》一二〇キロ）で、行きは三日、帰りは四日かかったという。

洪水になやまされた島村で、ただひとつ洪水にめげないものがあった。桑の木である。桑の木は土中ふかく根《ね》をはっているため、洪水がひくと、また芽《め》をふいてきた。

そのうえ、洪水のたびに流されてくる山のくち木や落《お》ち葉《ば》がつもってできた土地は肥沃《ひよく》で、よい桑がそだった。

明治３年（1870年）頃の島村

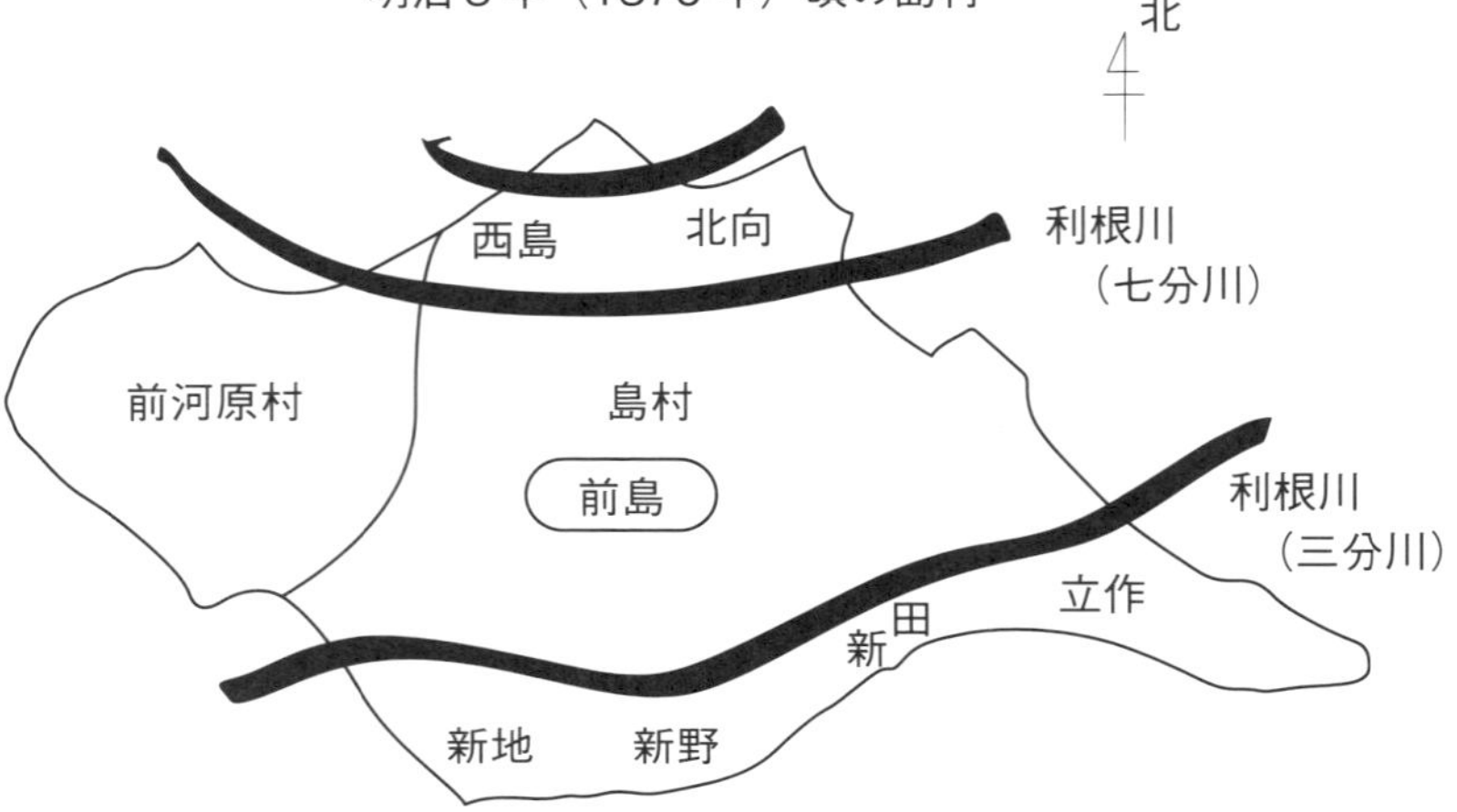

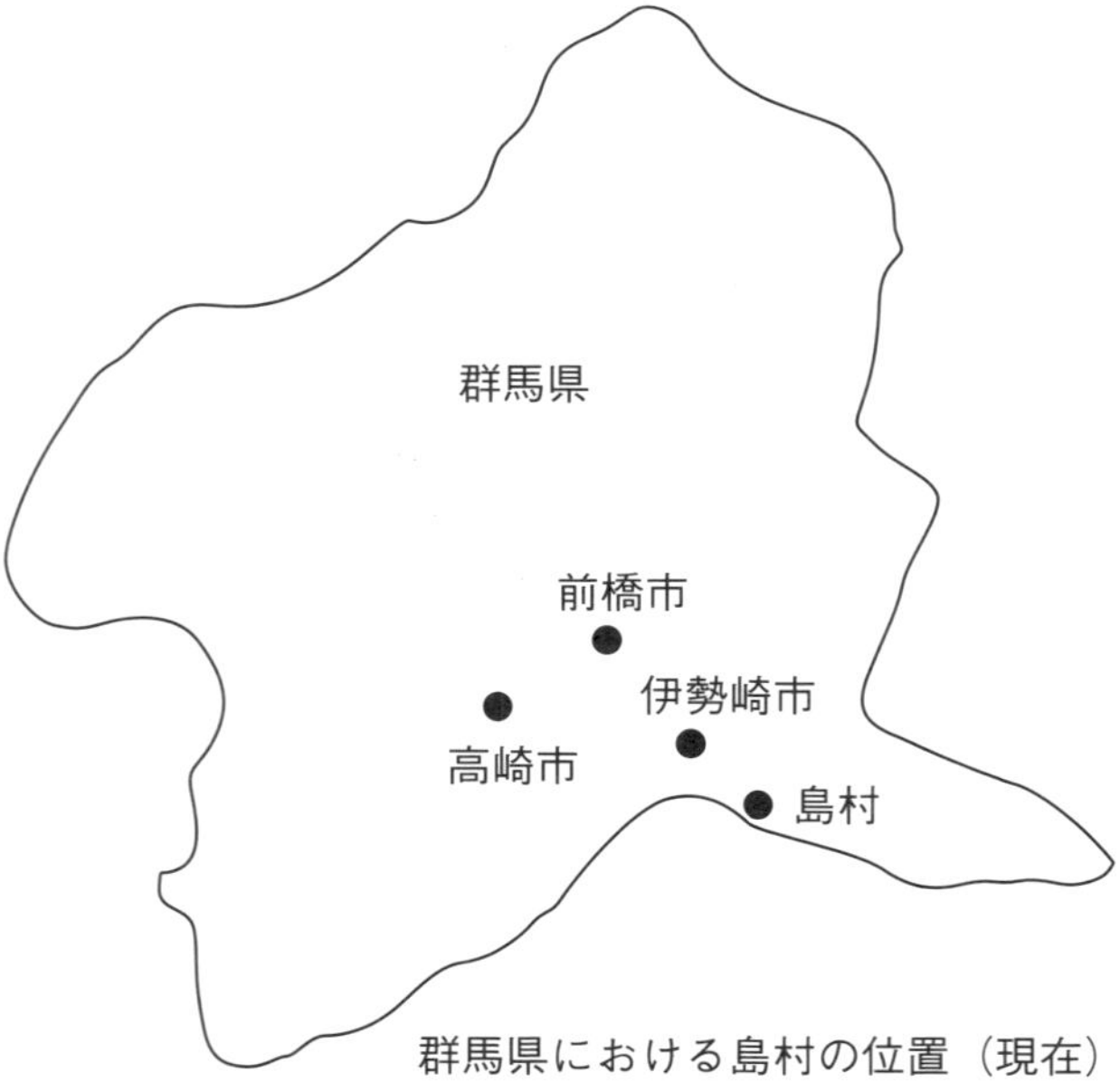

群馬県における島村の位置（現在）

日本の三大蚕種地《さんしゅち》といわれた上州《じょうしゅう》（群馬県《ぐんまけん》）島村、信州《しんしゅう》（長野県《ながのけん》）南佐久《みなみさく》、奥州《おうしゅう》（福島県《ふくしまけん》）伊達《だて》はみな大きい川のほとりにあった。

壮太郎《そうたろう》は、東西にすそ野をひろげた赤城山《あかぎ》を見あげた。

（ゆりがきょう船でくる……。はやくこい、ゆり）

ゆりは、成二《せいじ》の子守《こもり》をおえて女中《じょちゅう》をしていたが、母の病気《びょうき》で去年《きょねん》赤城の生家《せいか》に帰り、蚕種《さんしゅ》づくりの時だけ手伝《てつだ》いにくることになった。

小柄《こがら》だが色白で白れんの花びらのような頬《ほほ》をしている。壮太郎よりひとつ年下の一五歳《さい》。

「にいさん、ゆりちゃんまだ？」

弟の成二が、赤ん坊を背負《せお》った西どなりの家のわかと川岸《かわぎし》をはしってきた。ふたりとも七歳で、成二は塾《じゅく》にかよい、わかは、弟や妹の子守をしていた。

「赤城からくるんだもの、夕方だよ」

「じゃ、ヒバリの卵《たまご》めっけてくるね。まっててよ」

やがて、利根川《とねがわ》が夕日にそまったころ、黒い影《かげ》をきわだたせて渡《わた》し船《ぶね》が見えてきた。

（ゆりがきた！）

壮太郎の心がおどった。

「ゆりちゃーん」

いつのまにかもどった成二《せいじ》とわかが、渡《わた》し船《ぶね》にむかって両手《りょうて》をふっている。

洗《あら》い物《もの》はおわりにして、荷車《にぐるま》に蚕《かいこ》の道具《どうぐ》をつみ、みんなで渡船場《とせんば》までゆりを迎《むか》えにでた。

ゆりは、かすりの着物《きもの》をきりっときて、白れんの花びらのような頬《ほほ》をほんのりそめて船からあがってきた。

壮太郎《そうたろう》は、一年ぶりで見るゆりのまろやかになった姿《すがた》がまぶしかった。

「ゆりちゃん。おとなっぽくなったな」

「あら」

ゆりは、黒い目で壮太郎を見あげてはにかんだ。

成二が、ゆりにとびついた。

ゆりは、成二をかかえあげ、それからわかの頭をなでた。

荷車のあとを、みんなではなしながらあるいた。

ゆりは、朝はやく父に送《おく》られて家をでたが、川ぞいの山の新緑《しんりょく》がそれはきれいで、ウグイスがあちこちで鳴いていたと言った。

でこぼこ道をいくつかまがり、板《いた》ぶきの家が見えるとわかが手をふって帰って行った。

荷車は、植《う》え込《こ》みのある壮太郎の家にはいった。

洪水《こうずい》の侵入《しんにゅう》をふせぐため、河原《かわら》の石を五尺《しゃく》（約《やく》一メートル五〇センチ）あまりつみあげた石垣《いしがき》の上に、瓦《かわら》ぶきの二階づくりの母屋《おもや》がたっていた。屋根《やね》の上には、二階《かい》の蚕室《さんしつ》を乾《かわ》かすための、やぐら（天窓《てんまど》）という屋根つきの窓が三つついている。

母屋の東に蚕室、裏《うら》に男部屋《おとこべや》（男衆《おとこしゅ》がねとまりする家）、みそ部屋、物置《ものおき》とつづき西に蔵《くら》がある。女衆《おんなしゅ》は母屋にすむ。

「ゆりかい。まってたよ」

きれいな富士《ふじ》びたいの上に髪《かみ》をゆいあげた母のしんが、座敷《ざしき》で読んでいた絵双紙《えぞうし》をふせて笑顔《えがお》でむかえた。

「ゆりちゃんがきてくれてたすかった！」

お針《はり》のおけいこから帰った壮太郎の妹のりょうが、とびこんできた。りょうは一四歳《さい》、ほそおもてのあかるい娘《むすめ》である。

ゆりは、まず奥《おく》の座敷《ざしき》に行って主人《しゅじん》の弥吉《やきち》に挨拶《あいさつ》をした。

弥吉は、机《つくえ》にむかって書き物をしていたが、りっぱな八の字ひげをなでながら、まんぞくそうにゆりの挨拶《あいさつ》をうけた。

弥吉は学問《がくもん》をこのみ、また「晴浮《せいう》」の名でよく俳句《はいく》をつくった。

島村《しまむら》の蚕種業者《さんしゅ》は、蚕種づくりがおわると、時間と金のゆとりがあるので、漢詩《かんし》や俳句《はいく》をつくったり書画《しょが》をかく人がおおかった。

女中のまんが、にこにこしてお茶《ちゃ》をいれてくれた。まんは、ゆりよりふたつ年上で、目が線にみえるほどふっくらしている。ゆりはまんと納戸《なんど》に住《す》むことになった。

つぎの日からゆりは、かいがいしく働《はたら》いた。洗《あら》い物《もの》につづいて母屋《おもや》と蚕室《さんしつ》の大掃除《そうじ》をする。蚕《かいこ》に病気《びょうき》がでないように何日もかけてすみずみまでほこりをはらい、天井《てんじょう》までふく。

蚕の掃立《はきた》て（卵からかえった蚕を紙の上にはきおろす）の準備《じゅんび》がすむと、受《う》け宿《やど》（雇人《やといにん》を世話《せわ》する家）にいき、男衆《おとこしゅ》、女衆《おんなしゅ》をたのむ。

男衆は、下野《しもつけ》の国（栃木県《とちぎけん》）や下総《しもふさ》の国（千葉《ちば》県の北がわと茨城《いばらき》県の一部《ぶ》）の人がおおく、女衆は近くの村の娘《むすめ》がほとんどで、みんなすみこみであった。

4　蚕種《さんしゅ》づくり

五月はじめ庭《にわ》のぼたんが満開《まんかい》になったころ、蚕の卵が紫《むらさき》色から青くなり卵からケゴが生まれてくると、蚕かごに紙をしき鳥の羽ではきおろす。はじめはやわらかい桑《くわ》をきざんであたえる。蚕は、桑をたべつづけ四回休眠《きゅうみん》しそのたび脱皮《だっぴ》して大きくなる。

四眠から起《お》きた蚕は、七センチほどの白い成虫《せいちゅう》になって、蚕室から母家《おもや》の二階、一階の座敷《ざしき》にまであふれた。

手伝いの男衆と女衆も、三〇人くらいにふえて、夜中までわかい男女の声がにぎやかにきこえてきた。

ゆりは一番鶏《いちばんどり》が鳴くと、とび起きて家中の雨戸をカラカラあける。

それから、四升《しょう》（七・二リットル）だきの大がまに米と麦をいれてとぎ、かまどにかけて、くわぜ（かれた桑《くわ》の棒《ぼう》）に火をつけた。

まんは、みそ汁《しる》をつくる。

やがて、大がまからふきだしていた息《いき》もしずまった。

（今年こそ大がまをはこぼう）

ゆりは、去年、大がまをはこぼうとして足をくじいてしまい、まんがはこばせなかった。

かまのふたをとり、ふきんに両手をそえてうんと力をいれてもちあげる。まんが心配《しんぱい》してかけよってきた。

「今年は大丈夫《だいじょうぶ》よ」

ゆりは、一歩一歩足をふみしめてあるく。両腕《うで》がぬけるかとおもったとき、板《いた》の間《ま》のかま敷《し》きが見えた。そっとおろして、ふうと息をつくとおもわず頬《ほほ》がゆるむ。まんが手をたたいた。

男衆《おとこしゅ》が食事をする間、ゆりは桑もぎを手伝《てつだ》う。玄関《げんかん》の東の桑場《くわば》では、数人の女衆《おんなしゅ》が輪《わ》になって一日中包丁《ほうちょう》で桑の葉《は》をもいでいる。

まだおさな顔ののこる、今年はじめて仕事の仲間《なかま》入りをした娘《むすめ》がいねむりをはじめた。

「あ、新入りが、またいねむりしている」

「まいばんおそいし無理《むり》もないんよね」

ゆりが、おもわずかばうと、年長の責任者《せきにんしゃ》が、

1　黄金のふる村

「ホラ、若《わか》だんなのおでましだよ」

と、桑の棒《ぼう》で新入りのほそい首をそっとつっついた。

新入りは、まっ赤《か》になって顔をあげた。

女衆が、たかい声をあげてはしゃいだ。

男衆のあと女衆の食事になる。

ゆりが、板の間に自分の箱膳《はこぜん》をだすと、お膳《ぜん》の中に生卵《なまたまご》がひとつはいっている。ゆりは胸《むね》がおどった。赤城《あかぎ》の家では、かぜをひいたときしか食べられない卵である。

壮太郎《そうたろう》の家は、いそがしい時生卵をつけることがあった。

ゆりは、ごはんを山盛《も》りにした。

食事がすむと、ゆりは昼食のしたくまで二階の蚕室《さんしつ》に桑くれに行く。きゃしゃなゆりが、桑の葉をつめた大きいかごを背負《しょ》って階段をあがろうとすると、ひもが肩《かた》にくいこみ後ろにたおれそうになる。

「あ、ゆりちゃん、あぶなげだなあ。背負いあげてやるからおろしておきな」

おどり場から壮太郎《そうたろう》の声がきこえた。

見あげると、切れ長の目とぱったりであう。

ゆりは顔をあからめ、壮太郎は白い歯《は》をみせてわらった。

（壮太郎《そうたろう》さんありがとう。でも、あまえてはいけない）

「大丈夫《だいじょうぶ》ですから」

ゆりは、手すりにつかまってひと足ずつ二階へあがった。

蚕室《さんしつ》では、壮太郎と妹のりょうとまんが、おりたたみ式《しき》の台のうえに棚《たな》から蚕《かいこ》かごをひきだして桑《くわ》くれをしていた。

ゆりがまんとくんで、蚕にどっさり桑の葉をくれると蚕はいっせいに頭をもたげ、ザーザーと雨がふるような音をたててせわしく食べる。

やがて、母のしんがせかせかとはいってきた。

しんは、ふだんはのんびりと本をよんだり縫《ぬ》い物をしてすごしているが、蚕どきになると人がかわったように生きいきしてくる。

「りょうはしっかり蚕の飼《か》い方をおぼえるんだよ。壮太郎、空もようがわるいから桑きりをはやくしないとね」

などと、指図《さしず》する。

夕方、雨がふりそうなので、壮太郎は自家用の小舟で男衆《おとこしゅ》と中州《なかす》にある桑畑《くわばたけ》に桑切りに行った。

梅作《うめさく》、五作《ごさく》じいら一〇人ほどが、背丈《せたけ》をこすほどの桑を根元からきっては、一日に何回も舟と荷車《にぐるま》で家にはこんでいる。

壮太郎は、桑束《くわたば》をどんどん舟につみこんだ。

「若《わか》だんな、こりゃつみすぎですぜ」

梅作《うめさく》が、心配《しんぱい》そうに言う。

「なあに、桑が雨でぬれたらたいへんさ」

梅作が、竹ざおで舟をこぎだした。

とつぜん、大きいコイが舟べりすれすれにあらわれた。

壮太郎が、おもわず腰《こし》をうかしてコイをつかもうとしたとたん、ぐらっと舟がかたむき転覆《てんぷく》してしまった。

舟からほうりだされた壮太郎は、桑束の下でもがいた。息《いき》がくるしい。

そのとき、川岸から、

「壮太郎さあん、みなさあん、こっちよ、こっち！」

と、ゆりのかんだかい声がきこえてきた。

壮太郎は、ゆりの声の方におよいで、やっと桑の間から顔をだし息をついた。目の前で、きのみきのままのゆりが、おぼれそうになっている。壮太郎は、あわててゆりをかかえて岸《きし》におよぎついた。

「だめじゃないか、およげないくせに……」

「すみません。おかみさんに、雨がふりそうだから桑《くわ》切りをやめるようにとことづてをたのまれて」

ゆりは、うつむいて肩《かた》をすぼめた。

「そしたら目のまえで舟がひっくりかえったので、思わず川にとびこんじゃったの」

「いや、ありがとう」

壮太郎《そうたろう》は、ゆりの気持がうれしかった。

男衆《おとこしゅ》も、つぎつぎ岸《きし》におよぎついた。

「みんなけがはないか」

「へえ。ゆりちゃんが呼《よ》んでくれてたすかったよ」

「ほんとだ。かわいい子がぬれねずみだなあ」

ゆりは、あわてて帰って行った。

みんなで、舟底《ふなぞこ》をみせて流《なが》されていく舟をおいかけ、浅瀬《あさせ》で止まったところをやっとひっくりかえした。

「ああ、みんなごめん。めいわくかけたなあ。おふくろに大目玉くうぞ」

と、壮太郎は、頭をかいた。

さいわい雨がふらず、流された桑のかわりを家のちかくの桑畑できった。

蚕《かいこ》は、やがて桑を食べなくなり、体があめ色にすきとおり、すこしちぢんでくる。その蚕をひろいあつめて、まぶしの上に散《ち》らすと、蚕は糸をはいて二日で体のまわりにまっ黄色い繭《まゆ》をつくった。

養蚕《ようさん》は繭を売っておわるが、蚕種《さんしゅ》づくりはこれからが本番である。

繭をまぶしからあつめる繭かきがすんで一週間たった。

壮太郎は、ゆりが雨戸をあける音でとびおき、手燭《てしょく》をもって蚕室《さんしつ》にかけあがり、蚕かごの繭の上をするどく見まわす。

「あ、蛾《が》がでてくる！」

壮太郎の目がキラッとかがやき、ひとつの繭にすいよせられた。

繭のはしがぬれて、そこに黒ゴマのような目玉がふたつ、キョロンとあらわれたとおもうと、小さい穴《あな》から蛾の頭が見えてきた。

壮太郎は感動《かんどう》で胸《むね》があつくなった。

「よしよし、がんばれよ！」

つぎの蚕かごには、うす茶色の羽をひらいた蛾が、繭の上にひそと止まっている。

「あしたから女衆《おんなしゅ》をふやそう！」

蛾はいっせいにでてくるのではなく、なん日かにわたってでる。

その上、蚕《かいこ》の掃立《はきた》ては二、三日おきに三回にわけてあるから、早く掃《は》き立てた蚕は蛾《が》になり、おそいのは桑《くわ》を食べているというように仕事《しごと》がなんとおりにもなり、おおくの人手間《ひとでま》がいる。

つぎの朝、わいわいと女衆《おんなしゅ》がやってきた。

「ごくろうさま。蛾がではじめましたからてばやく紙をかけてください」

壮太郎《そうたろう》の声が、蚕室《さんしつ》にりんとひびく。

女衆は、点てんと穴《あな》のあいた紙《かみ》を繭《まゆ》の上につぎつぎかける。

やがて、あちこちの穴から蛾がはいあがってきた。

体にはりついていた四枚の羽がゆっくりひらく。

メス蛾がおしりからだす匂《にお》いにひかれて、オス蛾がメス蛾にちかづき交尾《こうび》する。あたり一面《めん》に、蛾の羽や体についていた鱗粉《りんぷん》がまう。

交尾《こうび》した蛾はひろいあつめておき、昼すぎひきはなした。

しんは、せかせかと蚕室をまわって、よくとおる声をはりあげる。

「いいかい、大きいのがメス蛾で小さいのがオス蛾だよ。まちがえないでおくれ。これまでにそだてるのはよういな苦労《くろう》じゃなかったんだからね。いそいでやっとくれ。たのみましたよ」

だれもが十分承知《しょうち》していることだが、言わずにはいられない。

女衆は素直《すなお》にうなずいて、目をひからせる。

手早くやらないと、メス蛾が卵を産《う》みはじめてしまう。

それから、メス蛾をのせた紙をふって尿《にょう》をさせる。

さいごに、産卵台紙《さんらんだいし》の上にメス蛾を一二〇蛾ほどのせ、四方をそえ木でかこんでできあがりである。

メス蛾は、あくる朝まで産卵台紙に、ゴマ粒《つぶ》ほどの黄色い卵を一蛾が三百個《こ》から五百個くらいすきまなく産みつける。

卵を産みおわって死んだメス蛾は、二日後、オス蛾と同じに梅作《うめさく》が背負《しょ》いかごにいれて利根川《とねがわ》まではこび、流れにあける。

蛾のむれは、うきしずみしながらやがて流れのうずにまきこまれてしまった。

梅作は、もうなん年もくりかえしているとはいえ、なにやら気がおもく両手をあわせると河原《かわら》をかけぬけた。

こうして、まちのぞんだ蚕種《さんしゅ》ができあがった。

壮太郎は、掌中《しょうちゅう》の珠《たま》を見るように、黄色いゴマつぶのような卵をあかずにながめた。

(やっとできたぞ!)

卵は、はじめは黄色いが数日で紫《むらさき》色にかわり、ふ化《か》するときは青くなる。

蚕種づくりがおわった祝《いわ》いには、昼間から男衆女衆を座敷《ざしき》にあげて酒《さけ》、肴《さかな》をふるまい労《ろう》をねぎらった。

蚕種《さんしゅ》は、暑《あつ》い七、八月は蚕室《さんしつ》に竹竿《たけざお》をわたしてつるしておき、すずしくなった九月から一〇月ごろ、船につんで利根川《とねがわ》をくだり横浜《よこはま》に送った。

5　わかれ

蚕種づくりがおわると、壮太郎《そうたろう》の家でもほっとひと息《いき》つく。

それまでに梅作《うめさく》と五作《ごさく》じい、女中のまんをのこして、男衆《おとこしゅ》と女衆《おんなしゅ》は、それぞれ遠方や近くの生家《せいか》に帰って行った。

ゆりも、赤城《あかぎ》の家に帰ることになった。

村の髪結《かみゆ》いに島田《しまだ》にゆってもらい、あやめ模様《もよう》のゆかたに草色の帯《おび》をしめたゆりは、みちがえるほどういういしい娘《むすめ》になった。

ゆりは、うすぐらい納戸《なんど》で信玄袋《しんげんぶくろ》をかたわらに、ふっとため息をついた。

もうくらいうちから働《はたら》かなくてもいい。なつかしい家族《かぞく》にもあえる。それなのに、いまひとつ心がはずまない。

（みんなとおわかれ。壮太郎さんとも……）

長身の壮太郎が、背負《しょ》いかごを二階にあげてくれると言ったことや、おぼれそうなところを助《たす》けてくれたことなどが心をよぎる。

ゆりに子守《こもり》をしてもらった成二《せいじ》は、朝からゆりにつきまとっていた。

「ゆりちゃん、かあさんだよ」

成二に袖《そで》をひかれ、ゆりははっと顔をあげた。

ゆりの前にすわったしんが、ふろしき包《つつ》みをさしだした。

「ゆりや、ながい間ごくろうでした。お給金《きゅうきん》とおみやげだよ」

「ありがとうございます。お世話《せわ》になりました」

「道中《どうちゅう》気をつけてお帰り。来年《らいねん》もきてもらえるといいんだけど……。残念《ざんねん》だねえ」

「はい。わたしも……」

「え！　ゆりちゃんもうこないの？　そんなのいやだ」

「ゆりは、かあさんが病気《びょうき》なんだよ」

「チェッ」

そこにあわただしく壮太郎《そうたろう》がはいってきた。額《ひたい》に汗《あせ》がういている。

ゆりは、胸《むね》がドキンとした。

「かあさん、スモモをとってきた。ゆりちゃんにもたせたら。渡船場《とせんば》まで送《おく》るよ」

ゆりは心がおどり、はっと壮太郎を見つめうつむいた。

「じゃ、麻袋《あさぶくろ》にいれておくれ。梅作《うめさく》に送らせようとおもったけど」（奉公人《ほうこうにん》を送ることなんかないのに……）

しんは、ふきげんさをかくさずふたりを見くらべた。

「すみません」

「いいよ。どうせひまなんだから」

そこへ、りょうがかけこんできた。

「ゆりちゃん、送っていけなくてごめん。今はやりのカンザシよ。もっていってね」

木箱《きばこ》をあけ、ながい柄《え》に紫《むらさき》のぼんぼりのついたカンザシをだして、ゆりの髪《かみ》にさした。

「ありがとうございます」

「ゆりちゃん、きれいになった」

成二《せいじ》が、ひとりではしゃいだ。

壮太郎は、白れんのはなびらのような頬《ほほ》をしたゆりと、もう会えないのかとおもうと、ふと胸が

1　黄金のふる村

しめつけられるようにおもった。

麻袋《あさぶくろ》を肩《かた》にした壮太郎《そうたろう》は、渡船場《とせんば》までの河原《かわら》の道をだまって大またにあるいた。ゆりと成二《せいじ》が、おくれまいと足ばやにつづく。

ヨシややなぎのしげみの中に、白い野バラの花がこぼれるようにさいている。小鳥がチィ、チィと鳴きながらとびたった。

赤城《あかぎ》や榛名《はるな》の山やまが、うす青くかすんでいる。

「ゆりちゃんち、赤城山のどこらへん?」

「ホラ、ながい東のすそ野の方よ。成《せい》ちゃんあそびにきてね」

「うん、きっと行くよ。ゆりちゃんもうちにお客にきなよ。ね、にいさんいいだろう?」

壮太郎は、立ち止まってふりむいた。

「いいとも。ゆりちゃん、お正月とかお祭《まつり》においで」

ゆりは、ぽっと頬《ほほ》をそめた。

「ありがとうございます。きっとうかがいます」

「わあい。おいら手紙をかくからね」

成二が、ゆりとつないだ手をふりまわした。

渡船場には、ふたつの荷《に》を肩《かた》でふりわけた男と、着物のすそをからげた女が渡し船《わたしぶね》をまっていた。

やがて、渡し船がちかづいてきて、ズズッと砂《すな》にのりあげると、ゆりがゆかたの裾《すそ》をひるがえして船にのった。

紺《こん》の腹《はら》がけに紺《こん》のはんてん、笠《かさ》をかぶった船頭《せんどう》が竹ざおを川にさすと、船はしずかに動《うご》きだした。

「ゆりちゃん、おいらもいくよう!」

いきなり、水ぎわをかけだした成二の右手を、壮太郎がつかんだ。

ゆりは手をふっていたが、白い顔がこきざみにふるえて、うつむいてしまった。

(ゆり!　行くな!)

壮太郎は、心の中でさけんで、くちびるをかんだ。

船はみるみるとおざかって行った。

6　大洪水《だいこうずい》

その年の八月末、なん日もふりつづいた雨に風がくわわり暴風雨《ぼうふうう》になった。

利根川《とねがわ》の堤防《ていぼう》はひくく、大雨がふるとよく洪水《こうずい》になる。

二階から見ると、川の水かさがぐんぐんましてきた。

壮太郎《そうたろう》と梅作《うめさく》は、朝から利根川の堤防《ていぼう》に洪水《こうずい》をふせぐための土嚢《どのう》をつみにでかけた。

家では、たすきがけの母のしんが先にたち、りょうと成二《せいじ》があるだけの手桶《おけ》やたらいを二階にあげて、水をはこびこんだ。

水は、のんだり二階にある大きい火鉢《ひばち》で炊事《すいじ》をするのにつかう。

女中のまんは、大がまでごはんをたきあげては、飯台《はんだい》にうつし梅干《うめぼし》をびっしりならべた。

弥吉《やきち》と五作《ごさく》じいは、ふすまや障子《しょうじ》、しきいをはずす。おもい畳《たたみ》は、食用の菜種《なたね》油《あぶら》がはいっていた油だるの上に、しきいをわたしてつみあげ、ふすまや障子《しょうじ》は縁台《えんだい》の上にかさねた。

家の中ががらんとしたころ、泥《どろ》くさいにおいがただよい、「どおー」とにぶい地鳴りのような音がひびいてきた。

「水だ！」

弥吉のひくい声に、しんの顔色が土気色《つちけいろ》にかわった。

その時、蓑《みの》、笠《かさ》の水をしたたらした壮太郎と梅作が、あわただしくかけこんできた。

「えらい大水がきます。土手《どて》があちこちきれて手のつけようがない」

「そうか……」

弥吉が、しずかにうなずいた。

「ああ、大へん。西んちもはやくくればいいのに」

しんが、体をゆすって言った。

西どなりのわかの家は平屋《ひらや》なので、洪水《こうずい》のたびに避難《ひなん》してくる。

やがて、はうように庭《にわ》に水がはいってきた。

「壮太郎、蔵《くら》の米が心配だ。つめるだけ舟につんでくれ」

「わかりました」

壮太郎と梅作は、男部屋の軒下《のきした》につるしてあった作業《さぎょう》用の舟を蔵まではこび、そばの桐《きり》の木にともづなをまきつけた。

舟の中に米俵《こめだわら》をつめるだけつんで、おおいをする。

水はふくれるようにふえて、母屋《おもや》の土台の石垣《いしがき》をこえ、家の中にはいりこんできた。

舟を母屋にこぎいれて、ともづなで大黒柱《だいこくばしら》にくくりつけた時、わかの家の親子七人ののった舟が、横なぐりの雨の中を庭にはいってきた。

「すまねえが、よせてくだせえ」

船頭《せんどう》をしているがっしりした父親の太吉《たきち》が、大声でさけんだ。

壮太郎が手招《まね》きし、二階からおりてきたりょうと成二《せいじ》が、小さい子たちを背負《せお》って二階にあげた。

どす黒い水は、ついに床《ゆか》の上にあがった。

飯台《はんだい》や手桶《ておけ》でごったがえした二階の蚕室《さんしつ》にござをしき、壮太郎《そうたろう》一家八人とわかの家族七人があつまった。

両どなりの蚕室には、蚕種《さんしゅ》がびっしりつるしてある。

しんが、ひとかかえもある先祖《せんぞ》の位牌《いはい》をとりだして両手をあわせると、わかの母親も、ふところから位牌《いはい》をとりだしておがんだ。

りょうと成二《せいじ》が、お手玉やコマで子どもたちとあそぶ。

その晩《ばん》、壮太郎は、まっくらな蚕室で、たけりくるう風の音をききながらまんじりともしないで夜をあかした。

ようやくあたりが明るくなってきた。

母屋《おもや》の床《ゆか》の上には、二尺《しゃく》（約六〇センチ）も水がのっている。

みんなは、窓《まど》ぎわにかさなるようにして外を見た。

空はくろい雲の群《む》れがはしり、風をのこして雨はやんでいた。

水につかった蔵《くら》と植《う》え込《こ》みの西に、わかの家の板屋根がぽっかりういているほかは、水また水で一夜で沼《ぬま》がわいたようである。

「家があった！　よかったねえ」

わかと母親が、手をとりあってよろこんでいる。

流れのはやい濁流《だくりゅう》の中を、根こそぎにされた木や柱《はしら》などが、ぶつかりあって高波が立つ。ニワトリやヤギ、ウシなども流されて行く。

太吉《たきち》が、みんなの反対《はんたい》をおしきって、ちかくの両親の家の様子《ようす》を見に行くと舟ででかけた。

とつぜん、

「たすけてえ！」

と、いう男の悲鳴《ひめい》と、子どもの泣き声が風の中からきこえてきた。

川の中に柱にしがみついた男と女の子が見えかくれしている。

「梅《うめ》さん、行こう！」

壮太郎がさけんだ。

「あぶない。よしな！」

しんの顔が、ひきつっている。

「この水じゃ無理《むり》だ。よせ、壮太郎」

と、弥吉《やきち》もするどい声で言った。

壮太郎がためらったとき、また女の子の悲鳴がきこえた。

（みごろしにできるものか……）

壮太郎《そうたろう》は、階段《かいだん》をかけ下《お》りた。梅作《うめさく》がつづく。

舟の中には、米俵《こめだわら》が山づみされている。

（米をすてなくては……おしい。でも人の命《いのち》にはかえられない）

米俵はにぶい水音をたててしずんだ。つぎつぎになげこむ。

からになった舟を、梅作が竹ざおでこいで家の外にでた。

横なぐりの風が頬《ほほ》をうち、舟がぐらぐらゆれる。

気持はあせっても、波《なみ》がたかく、おしあいへしあいして流れてくる立木《たちき》や材木《ざいもく》などにはばまれて、舟はおもうようにすすめない。

ふいに高波がおそってきて、舟はぐうんと波の上におしあげられ、つぎにストンとおちた。壮太郎はすっかりきもをひやした。

まっ黒い水の中に、やっと親子の姿《すがた》が目にはいった。

「梅さん、舟をたのむ」

壮太郎は、着物《きもの》をぬぎすてて川の中にとびこみ、波にからかわれるようにうきしずみしながら、やっと親子にちかづいた。

壮太郎のひろげた両腕《りょううで》に、父親が女の子をわたした。女の子をかかえて舟にむかっておよぐ壮太郎のあとに、父親がつづく。

またも高波がおそってきて方向がわからなくなった。

「おーい、若《わか》だんな。こっちだよう！」

梅作のきれぎれの声をたよりに、やっと舟にたどりついた。

女の子を梅作の手にわたしてから、壮太郎は舟にはいあがった。

それからおよぎついた父親を、舟にひきあげる。

女の子が、父親にしがみついて泣《な》いた。

父親は、女の子をだきしめ顔をくしゃくしゃにしてよろこんだ。

たすけられた隣《となり》村の親子は、家族《かぞく》そろって屋根にあがっていたが、ふたりだけ高波にさらわれたという。二階から身をのりだして、壮太郎たちを待《ま》ちうけていたみんなは、舟が庭《にわ》にはいってくると、歓声《かんせい》をあげた。

四人が、さっぱりとかわいた着物にきかえてから、そろっておにぎりと漬物《つけもの》の朝食をすませた。

太吉《たきち》も帰ってきて、両親が無事《ぶじ》だったとよろこんだ。

昼すぎになると、風はやみ空が晴れわたってきて、水がみるみるひきはじめた。

たすけられた親子を、梅作が舟で隣村《となりむら》まで送って行った。

床上《ゆかうえ》二尺《しゃく》（約六〇センチ）もあった水が床下《ゆかした》までひくと、わかの家族も舟で家に帰った。

しかし、水の中におとした米は、泥水《どろみず》でくさくなってしまい、どうしても食べられない。

「せめて一俵《ぴょう》でも二階にあげておいたら……」

と、しんがくやんだがあとの祭《まつり》だった。

この洪水《こうずい》で、島村《しまむら》では七人の人が亡《な》くなり家が一二軒《けん》流された。

洪水がひいてから四日目、井戸《いど》がえをして澄《す》んだ水をのんでいたところへ、新地《しんち》の消防《しょうぼう》組の若《わか》い衆《しゅ》がかけこんできた。

「前島《まえっちま》の田島大作さんの蔵《くら》が、川欠《か》けであぶないんです。壮太郎さんと梅さんおたのみしやす」

「承知《しょうち》しました」

川欠《か》けというのは、大雨で地盤《じばん》がゆるんでいた川岸の土地や家が、洪水《こうずい》で流されてしまうことである。渡船《とせん》場《ば》には、数人の若者《わかもの》と船頭《せんどう》の太吉《たきち》があつまっていた。

中州《なかす》の前島の川岸はすぐそこに見えるのに、船は波にからかわれるように行ったりきたりして、なかなかちかづけない。

やっと現地《げんち》につく。蔵《くら》の敷地《しきち》半分は川欠けでえぐりとられ、かたむいた蔵のまわりを、いくつかの舟がとりかこんでいた。

前島の消防《しょうぼう》組長が、大声をはりあげた。

「ごくろうさんです。蔵をこわして舟につむのは無理《むり》だから、まわりの木をきりたおしておくんなさい」

蔵のまわりの木をきって折《お》りかさね、水の流れをかえて蔵が流されるのをくい止めようというのである。

若者たちが、舟を桐《きり》の木につないで木をきりはじめた。

その時、「ズガーン」という大音響《だいおんきょう》とともに、蔵が水しぶきをあげて水の中にたおれこんだ。そのまま流されて行く。

「ああ、だめだ」

みんなは、仕事の手をとめて見送るだけだった。

「みなさん、ごくろうでした。蔵をひきあげるのは、あとで前島の者《もの》がやりますから……」

前島の組長が、がっくりと頭をさげた。

組長の話では、きのう前島の若者たちが川欠けの家を二軒《けん》こわし、一軒は高波のためあきらめたという。

船でかえる途中《とちゅう》、川岸の家から「なむあみだぶつ」という読経《どきょう》の声がきこえてきた。洪水で亡《な》くなった人を供養《くよう》しているのであろう。

洪水のあと、まず井戸がえをすませ、つぎに床上《ゆかうえ》と床下《ゆかした》にたまったのろをかたづける。のろは洪水がのこした土がかたまったもので、とてもおもい。はじめ床上ののろを四角にきって庭にはこびだす。

次に床《ゆか》をはがしてのろをだすが、畳《たたみ》がはいるまでには二〇日あまりかかった。

その間、炊事《すいじ》も寝泊《ねと》まりも、二階のくらしがつづいた。

7 生きていた桑《くわ》の木

洪水《こうずい》から一か月ちかくたち、やっといつものくらしにもどった。

一〇月はじめ、佐久郎《さくろう》にたのんだ、壮太郎《そうたろう》の家の分《ぶん》と数軒《けん》の輸出《ゆしゅつ》する蚕種《さんしゅ》をつんだ船が、横浜《よこはま》にむかって出航《しゅっこう》した。

「佐久郎さん。高値《たかね》で売ってください。おねがいしますよ」

「まかせておきねえ」

ひげづらの佐久郎は、船の上から厚《あつ》い胸《むね》をたたいて豪快《ごうかい》にわらった。

(どうぞ蚕種がぶじに横浜につき、いい値《ね》で売れますように)

壮太郎は、村の人たちと船が見えなくなるまで見送った。

家にかえると、父の弥吉《やきち》に蚕種の無事《ぶじ》出航《しゅっこう》をつげた。

蚕種を輸出したあと、壮太郎は、せかされるおもいで梅作《うめさく》、五作《ごさく》じいと万能《まんのう》とモッコをもって川岸の畑《はたけ》にでかけた。

空は晴れわたり赤城山がうす青くそびえている。河原も畑もみさかいなく、泥《どろ》のうずが茶色に干《ひ》あがっていた。

陸稲《おかぼ》の畑は、黄ばんだ陸稲が泥《どろ》をかぶりべったりねている。

「ことしは上出来だったのに。米をぬらしたうえに陸稲もか……」

壮太郎は、やり場のない怒《いか》りにくちびるをかんだ。

とうもろこし、落花生《らっかせい》の畑も全滅《ぜんめつ》してしまった。

「洪水は、一年分の肥料《ひりょう》をもってくるっていってもなあ」

五作じいも、ためいきをつく。

「なあに、桑《くわ》はつよいぞ!」

壮太郎は、大またにあるきだした。

桑畑《くわばたけ》は、根こそぎにされた木や大小の石がごろごろしていたが、どろまみれの桑の枝《えだ》や葉《は》がところどころ顔をだしている。

「よし、この一番こえた畑からはじめよう！」

葉をもがれて枝《えだ》ばかりにされた木、家の柱《はしら》や板切れ、流れてきたそとば（墓地《ぼち》に立てる細長い板《いた》）まで畑のすみにつみあげた。

これは流《なが》れっ木《き》といい、桑《くわ》の枝とともに一年間の燃料《ねんりょう》になる。

つよい日ざしに、壮太郎《そうたろう》の頬《ほほ》を大粒《つぶ》の汗《あせ》がしたたりおち、流れっ木の山がいくつもできた。

つぎに大小の石をあつめる。小さい石はモッコではこべるが、大きい石は壮太郎が二度三度《ど》と万《まん》能《のう》でほってても、びくともしない。

「オーイ。梅《うめ》さん、五作《ごさく》じい、手をかしてくれ」

三人で、「一、二の、三！」と石をおすと、ぐらりと石がうごき、とたんに石の下にあった桑の枝がピーンとはねかえった。

枝の先に、ヒスイのような緑《みどり》の葉をつけている。

「よしよし。よく生きていたなあ！」

壮太郎は、土をはらい、いとおしむように新芽《しんめ》をなでた。

「桑はつよいさ。桑があれば蚕《かいこ》が飼《か》える。また蚕種《さんしゅ》をつくるぞ！」

（大水なんかにまけるか。まけてたまるか）

壮太郎のふりあげた万能《まんのう》が、また土にふかくささった。

二　もえる蚕種《さんしゅ》

1　暴落《ぼうらく》

あくる年明治《めいじ》四年（一八七一）秋、壮太郎《そうたろう》の家では、蚕種《さんしゅ》の輸出《ゆしゅつ》もおわってほっとひといきついた。

裏庭《うらにわ》の柿《かき》の実《み》がつややかに色づいている。

昼休み、梅作《うめさく》が柿をたくさんもいできて、お勝手《かって》で女中のまんが、くるくるむいては家中の人に手わたしている。

壮太郎は、いつかゆりが指《ゆび》で小さい輪《わ》をつくり、

「山の柿は、こんなに小さいの」

と、言ったことや、朝はやく柿の木にのぼっていたことなどをおもいだし、そっと北の方をみやった。

「柿はうんまいねえ。ゆりちゃんがいたら、大よろこびしたに」

梅作が、柿をほおばりながら言った。

「今ごろは、山の柿を腹《はら》いっぺえ食べてるだんべ」

と、五作《ごさく》じいが言う。

「ゆりは素性《すじょう》のいい子だったよ。わたしはおおぜい娘《むすめ》を見ているからわかるけど。物覚《ものおぼ》えがよくて骨《ほね》おしみしないでよくできた子だったねえ」

と、しんが、顔をほころばせた。

「八つの時から仕込《しこ》んだから、欲目《よくめ》もあるんじゃないの」

りょうが、横目で母を見た。

「でも、ゆりちゃんはなんか人にすかれるところがあったみたい。おまんさん、そうおもわない？」

「そうね。ゆりちゃんにはかわいげがあったねえ」

「横浜《よこはま》へ行った佐久郎《さくろう》さんが、そろそろ帰るころだが……」

顔をだした弥吉《やきち》が、壮太郎に言った。

「そうですよ」

「値段《ねだん》がどうかなあ。不景気《ふけいき》なところに蚕種だけいいもんだから、蚕種づくりがふえた」

「わかちゃんちも、ことしは蚕種をつくったのよね」

「太吉《たきち》さんは、腕《うで》のいい船頭《せんどう》だったのに……」

太吉は、はじめてのなれない蚕種《さんしゅ》づくりに、借金《しゃっきん》したりいろいろたいへんらしかった。

ここ数年蚕種の高値《たかね》がつづき、去年は一枚《まい》五円以上もしたため、日本各地《かくち》で蚕種をつくる人がきゅうにふえた。

島村《しまむら》の蚕種は、フランス、イタリアまで名がしられ、いつも最高の値段《ねだん》でとりひきされていた。しかし最近《さいきん》、横浜《よこはま》に粗悪《そあく》な蚕種がでまわっているという噂《うわさ》がしばしばきかれるようになった。

そのとき、佐久郎《さくろう》が用心棒《ぼう》をしている田島恭平《たじまきょうへい》の家から、佐久郎が帰ったというしらせがあり、壮太郎《そうたろう》は、父とすぐでかけた。

恭平《きょうへい》は、島村の田島一族《ぞく》の大本家の当主で、島村一の土地もちである。江戸《えど》で剣術《けんじゅつ》をならい、幕末《ばくまつ》まで名主《なぬし》をしていた。目鼻《はな》だちの大きい人で、二八歳《さい》である。

明治《めいじ》元年、暴徒《ぼうと》の群《む》れが舟五そうにのって利根川《とねがわ》をわたり、好景気《こうけいき》の島村新地《しんち》をおそうという知らせがはいった。

恭平は、武州岡部藩《ぶしゅうおかべはん》（埼玉県北部《さいたまけん》）に救援《きゅうえん》をたのんだがことわられる。そこで、近村の腕《うで》ききの猟師《りょうし》と村の若者《わかもの》をひきつれて、利根川の堤防《ていぼう》で暴徒《ぼうと》の群《む》れをまちうけた。そして、舟五そうにのって川をわたってきた暴徒にむかって、いきなり鉄砲《てっぽう》をはなった。

敵《てき》がひるんだすきに、刀《かたな》をせおった恭平と用心棒の佐久郎が、川をおよいで暴徒の舟にのりこみ首謀者《しゅぼうしゃ》たちをきりたおした。

この奇襲《きしゅう》で、暴徒の群《む》れはおびえてにげ帰ったという。

恭平の家の座敷《ざしき》には、恭平、佐久郎をはじめ、佐久郎に蚕種をたのんだ壮太郎親子たち数人があつまった。

壮太郎は、佐久郎を見てあっと声をあげそうになった。顔中をおおっていた無精《ぶしょう》ひげがさっぱりそりおとされて、人ちがいのようなととのった顔が、無表情《むひょうじょう》に正面《しょうめん》をむいている。

「みんなそろいましたね。佐久郎さん、おねがいします」

恭平の言葉に、一同の目がくいいるように佐久郎にそそがれた。

「蚕種はぜんぶ売り、代金《だいきん》は無事《ぶじ》もち帰りました」

佐久郎は、おちついて言った。

「それはごくろうでした」

「ただ、もうしわけありません。値段がさがってしまって去年の半値《はんね》でした。一枚二円から最高三円です」

壮太郎は、一瞬《しゅん》耳をうたがった。

みんなの顔もあおざめた。

弥吉《やきち》が、おもむろに口をひらいた。

「去年おととしと五円以上したのに、今年は半値《はんね》とはどうしたわけかのう。蚕種《さんしゅ》は上出来だったのに」

「なにせ、横浜《よこはま》には蚕種があふれていやした。売込商《うりこみしょう》の話ですと、外国商人は『日本の蚕種は、えらい不良品《ふりょうひん》がまじっていて信用《しんよう》できなくなった。やすくなければ買えない』と言ってるそうです」

「不良品ですと！」

「島村《しまむら》の蚕種には、けっしてそんな……」

壮太郎《そうたろう》は、ふつふつと怒《いか》りがこみあげた。

（あれほど気をくばってつくった蚕種を、不良品といっしょにされるとは！　外国商人にだまされているのだ）

「なんでも、蚕種のかわりに菜種《なたね》をはりつけたひどいものがおるとか、えらい噂《うわさ》でした」

母蛾《が》が卵を産みそこなったすきまを、菜種《なたね》で埋《う》めたという。

「そんなばかな……」

「それはひどい。そんなものといっしょにされたらたまらん」

「そうとも。島村の蚕種は日本一じゃ」

「いや、世界《せかい》一よ」

「ひとつ、大へんなことをききました。ヨーロッパで微粒子病《びりゅうしびょう》がはやっていますね。そのせいで日本の蚕種が高く売れていたんですが、フランスで微粒子病の原因《げんいん》がわかり、病気のない蚕種をつくれるようになったとか。そこで日本の蚕種を買わなくなったそうです。それと、粗悪《そあく》な蚕種がかさなったようですね」

一座《ざ》にさっと不安のかげがよぎった。

「しんじられん。そんなことを言って買いたたくんじゃないか。病気のない蚕種が、一年二年でそうたくさんつくれるものかどうか」

と、恭平《きょうへい》が言った。

「そうなんです。だから足《た》りないぶんだけ日本に買いにきたとか」

(だまされているとしかおもえない)

と、壮太郎《そうたろう》は首をかしげた。

「いずれにしろ、蚕種が半値になってしまっては、これからのことをかんがえなければなりませんね」

恭平の言葉に、みんなは暗《くら》い顔でうなずいた。

佐久郎《さくろう》は、大きな体をかがめるようにしてわびてから、ひとりずつ、代金《だいきん》と書きつけをわたした。

「ごくろうさまでした。ゆっくり休んでくだされ」

壮太郎と弥吉《やきち》は、予定《よてい》していた半分の金をもって帰った。

「とうさん。蚕種《さんしゅ》の高値はずっとつづくとおもってたのに……」

「今までがたしかによすぎた。蚕種づくりがふえたからなあ」

「でも半値《はんね》だなんて。外国商人に足元を見られてるんですよ」

「それだけならいいが、佐久郎《さくろう》さんがいうように、フランスで病気《びょうき》のない蚕種ができたとなると、これはおおごとだ」

「いつか横浜《よこはま》に行き、この目でたしかめてみたいです」

壮太郎《そうたろう》のわかわかしい声がりんとひびいた。

2　会社―手をつなぐ村人

二か月たった一二月の、からっ風がふきすさび三日月がさえた晩《ばん》。

壮太郎と弥吉《やきち》は、半値《はんね》になってしまった蚕種の善後策《ぜんごさく》を話しあうため、恭平《きょうへい》の家の分家《ぶんけ》にあたる田島城吉《たじまじょうきち》の家に行った。

東門をはいると、東むきに村一番大きな母屋《おもや》と、その北に三階だての蚕室《さんしつ》がくろぐろとそびえている。母屋《おもや》は間口《まぐち》（家の正面のはば）一三、五間《けん》（約二四メートル）、奥行《おくゆ》き（家の表から裏《うら》までの長さ）五間（九メートル）ある。

母屋の二階の蚕室と北の蚕室は、屋根のついた橋でつづき、桑《くわ》を馬にのせてはこんだ。

城吉《じょうきち》の家では、蚕種《さんしゅ》づくりの時は百人の人をたのんだという。

広い座敷《ざしき》には、城吉、恭平、田島清作《せいさく》の顔がそろっていた。

城吉は四九歳《さい》、温厚《おんこう》な人柄《ひとがら》でたっぷりと半白のあごひげをたくわえている。

城吉の父の城介《じょうすけ》は、手広く蚕《かいこ》を飼《か》い、全国《ぜんこく》をまわって文化人と交流《こうりゅう》し、蚕種もつくって養蚕長《ようさんちょう》者《じゃ》とよばれた。かたわら江戸《えど》の学者を自宅《じたく》にまねいて、息子《むすこ》たちや向学《こうがく》心のある若者《わかもの》に学問《がくもん》をまなばせた。武蔵国榛沢郡血洗島村《むさしのくにはんざわぐんちあらいじま》（埼玉県深谷市《さいたまけんふかやし》）の渋沢栄一《しぶさわえいいち》も、若《わか》いころわらじばきで講義《こうぎ》をききにきたという。

父のあとをついだ城吉は、蚕種の大量生産《たいりょうせいさん》をおこない、村一番の蚕種業者になった。

明治《めいじ》五年『養蚕新論《ようさんしんろん》』、一一年には『続養蚕新論《ぞくようさんしんろん》』を出版《しゅっぱん》する。

この本は、清涼育《せいりょういく》という蚕室をあけひらく蚕の飼《か》い方や、蚕種のつくり方を指導《しどう》した本で、ベストセラーになった。

田島清作《たじませいさく》は三八歳、やはり田島一族《たじまいちぞく》で島村の戸長《こちょう》（村長《そんちょう》）をしており、かっぷくがよく肩《かた》で風をきるという言葉のにあう人である。

壮太郎《そうたろう》の父の弥吉《やきち》と同じに俳句《はいく》や漢詩《かんし》をこのんでつくった。

「蚕種《さんしゅ》が半値《はんね》とは、まいりましたな」

挨拶《あいさつ》をかわしてから、城吉《じょうきち》があごひげをなでながら言った。

「フランスで病気のない蚕種ができたとか、ほんとうでしょうか」

壮太郎は、ひざをのりだしてきいた。

「先日会った渋沢《しぶさわ》さんの話ですとほんとうらしいですよ。西洋は日本よりずっとすすんでいるそうです」

清作《せいさく》の言葉に、みんながしゅんとなった。

渋沢栄一《しぶさわえいいち》は、慶応《けいおう》二年にヨーロッパ諸国《しょこく》をまわって銀行《ぎんこう》や会社を視察研究《しさつけんきゅう》し、帰国してから明《めい》治政府《じせいふ》の大蔵省《おおくらしょう》の役人になった。

いちはやく銀行をつくり、いろいろの会社をたて、わが国実業界《じつぎょうかい》の礎《いしずえ》をきずいた人である。清作の家は親戚《しんせき》だった。

「蚕種の安値《やすね》を、どうしたらいいもんでしょうか。政府《せいふ》がきっちり不良《ふりょう》蚕種をとりしまってくれたらいいんですが」

と、城吉が言うと、

「そうなんですよ」

と、清作がにがい顔で言い、弥吉《やきち》もうなずいた。

「政府の手をまつばかりでなく、われわれでなんとかならんもんでしょうか」

壮太郎がおもいきって言ってみると、清作がはたとひざをうった。

「そこです。そのことで耳よりな話があるんですが」

みんなの目が、ひかった。

「渋沢さんに、蚕種の値段《ねだん》がさがってこまった話をしましたらね、渋沢さんが、『信用回復《しんようかいふく》と販売《はんばい》には個人《こじん》ではよわい。西洋に会社という組織《そしき》があるが、会社をたてたらどうか』と言ってくれたんです」

「会社ですって！」

「会社は、資本金《しほんきん》がなければはじまらないでしょう」

経理《けいり》にあかるく会社組織《そしき》をしっている弥吉が、まず言った。

「資本金《しほんきん》は、渋沢さんが三井銀行《みついぎんこう》からかりてくれるそうです」

「それはいいですね！」

「会社は、どんなふうにたてるんですか？」

と、壮太郎がきいた。

「蚕種《さんしゅ》をつくる人が社員《しゃいん》になり、社員が同じ方法《ほうほう》で同じ品質《ひんしつ》の蚕種をつくり販売《はんばい》は会社にまかせて、利益《りえき》を平等《びょうどう》にわけるそうです」

「信用回復《しんようかいふく》と売り込みには、これ以外《いがい》ないかもしれませんね」

城吉《じょうきち》の意見《いけん》に、みんなも大きくうなずいた。

「ただ、一軒《けん》でも蚕種づくりに失敗《しっぱい》したらたいへんでしょう」

と、弥吉《やきち》が言うと壮太郎《そうたろう》がつよい口調《くちょう》で反論《はんろん》した。

「とうさん。そんな心配《しんぱい》をしてたらなにもできませんよ」

「万事《ばんじ》このちょうしでこまります」

「いや、若《わか》い者《もの》はそうでなくちゃ。弥吉さんの言うとおり失敗《しっぱい》はこまるので、検査員《けんさいん》をおいて蚕《かいこ》の掃立《はきた》てから蚕種づくりまでなんどもみまわるそうです」

「それなら大丈夫《だいじょうぶ》でしょう」

数日後、会社の設立《せつりつ》について村の人たちに相談《そうだん》してみると、

「わしらは、糸繭《まゆ》や船頭《せんどう》から蚕種づくりをはじめて手さぐりのありさまだから、検査員に見てもらえばたすかる」

「自分で蚕種を売れる人はいいが、わしらは輸出《ゆしゅつ》だけだから、会社で売ってくれたらありがたい」

と、賛成《さんせい》の声がおおかった。

島村《しまむら》の四〇戸《こ》ほどの大きい蚕種業者《さんしゅぎょうしゃ》は、輸出だけでなく、群馬県《ぐんまけん》、入間県《いるまけん》（埼玉県《さいたま》）などに蚕種を買ってくれる得意先《とくい》をもっていた。

清作《せいさく》が、栄一《えいいち》に会社の設立《せつりつ》について問《と》いあわせると、栄一はかんでふくめるように指導《しどう》し、激励《げきれい》する手紙をおくってくれた。

こうして明治《めいじ》五年（一八七二）五月、蚕種生産者一八〇人が社員になり、三井銀行《みついぎんこう》から六千円をかりて日本初《はつ》の蚕種の株式《かぶしき》会社「島村勧業会社《しまむらかんぎょうかいしゃ》」が設立《せつりつ》された。

社員の総選挙《そうせんきょ》で、清作が社長、城吉が副《ふく》社長になった。

一八歳《さい》の壮太郎は、七人の検査員《けんさいん》のひとりにえらばれ、蚕種づくりのかたわら桑《くわ》から蚕《かいこ》、繭《まゆ》、蚕種の検査《けんさ》や指導《しどう》にとびまわった。

はじめての会社の蚕種は、四万四千枚《まい》でき、横浜《よこはま》で去年の倍《ばい》の一枚五円でのこらず売れた。

その上、品質のよさが横浜のみか日本中にしれわたり、三井銀行からの借金《しゃっきん》六千円をかえしても、なお相当《そうとう》の利益《りえき》があがった。

3　宮中《きゅうちゅう》ご養蚕《ようさん》

話はすこしさかのぼり、明治《めいじ》五年三月。赤城山《あかぎ》の頂《いただき》は雪におおわれ、山ひだに雪がのこっていた。

ある日、城吉《じょうきち》が、羽織《はおり》はかまで壮太郎《そうたろう》の家をおとずれ、弥吉《やきち》と壮太郎が座敷《ざしき》で迎《むか》えた。

「政府《せいふ》もやるじゃないですか。官営《かんえい》の富岡製糸場《とみおかせいしじょう》が七月には完成《かんせい》するそうですよ」

「すごいですね」

ながい鎖国《さこく》の末開港《すえかいこう》した政府は、はやく日本を近代的《きんだいてき》な国家にするため、外貨獲得《がいかかくとく》の最大《さいだい》の輸出《ゆしゅつ》品《ひん》である生糸《きいと》を増産《ぞうさん》することにした。

当時、生糸と蚕種は、輸出品の八〇パーセントをしめていた。

そこで群馬県甘楽郡《ぐんまけんかんらぐん》富岡町（富岡市）に明治三年一〇月から二年ちかくかけて日本一の製糸場《せいしじょう》をたてた。

日本の生糸は外国の生糸におとっていたため、製糸場の土地えらびから建築《けんちく》の監督《かんとく》、洋式《ようしき》の機械《きかい》

2　もえる蚕種

導入《どうにゅう》まで、フランス人の技師《ぎし》ポール・ブリューナを高い給金《きゅうきん》でやとった。

こうして、フランスと日本の建築技術《けんちくぎじゅつ》をくみあわせた、世界一の大製糸《せいし》工場がようやく完成《かんせい》するという。

「ところが四百人必要《ひつよう》な工女《こうじょ》があつまらないそうです」

富岡製糸場《とみおかせいしじょう》では女性《じょせい》の工場労働者を工女とよんだ。

「どうしてですか」

壮太郎《そうたろう》と弥吉《やきち》は、首をかしげた。

「外国人が人間の生き血《ち》をすうとか噂《うわさ》がたって……」

「え！　生き血《いち》を？」

壮太郎は、おもわず目をむいた。

「いや、まったくの噂ですよ」

ブリューナが、夜になると地下室の酒場《さかば》でブドウ酒《しゅ》をのむことから、こんな噂がたったという。

「でも血《ち》の色をした酒《さけ》とか、きみわるいですね」

「いや、先日渋沢《しぶさわ》さんにきいたら、ブドウからつくったうまい酒だそうです」

「なるほど。ほっとしました」

壮太郎は、苦笑《くしょう》した。

工女があつまらないので、各県では役人《やくにん》の娘《むすめ》や妹《いもうと》を、また禄《ろく》をはなれて生活にこまっていた士族《しぞく》が妻《つま》や娘《むすめ》を工女にしたという。

工女は八時間労働《ろうどう》で、フランス人の医師《いし》もいた。

しんがお茶をはこんでくると、城吉《じょうきち》がいずまいをただして言った。

「じつは、去年の清作《せいさく》さんにつづいて、今年はわたしに宮中《きゅうちゅう》ご養蚕《ようさん》の世話役《せわやく》の話がきましてね。やはり渋沢さんの推薦《すいせん》です。島村から指南役《しなんやく》ひとりと蚕婦《さんぷ》一二人をえらぶことになりました。蚕婦はおかみさんもいますが娘《むすめ》さんがほとんどです。指南役は、蚕種《さんしゅ》をつくっていて横浜《よこはま》に行ったこともある栗原茂平《くりはらもへい》さんにきまりました」

「それはごくろうさまです」

指南役というのは指導者《しどう》のことで、蚕の世話をする女の人を蚕婦といった。

皇室《こうしつ》では、皇后《こうごう》（昭憲皇太后《しょうけんこうたいごう》）が養蚕を奨励《しょうれい》するため、明治《めいじ》四年、千五百年前に宮中の行事《ぎょうじ》だったご養蚕を復活《ふっかつ》した。

宮中ご養蚕は、明治四年、五年、六年、一二年とおこなわれる。

「そこで、蚕婦におりょうさんもおねがいしたいのですが」

「え！　りょうを。嫁《よめ》入り前の娘に、この上ない結構《けっこう》なお話でございます。よろしくおねがいします」

しんが、顔をかがやかせた。

「わが家にとりましても光栄《こうえい》です」

と、弥吉《やきち》と壮太郎《そうたろう》は頭をさげた。

「わたしの娘《むすめ》も行きますから」

「まあ、ようございました。りょうもどんなに心づよいか……」

「それに道中《どうちゅう》の安全《あんぜん》のため、一行の送《おく》り迎《むか》えをことしも佐久郎《さくろう》さんにたのみました」

「それはそれは。佐久郎さんがついて行ってくれるなら安心です」

しんは、いそいそと茶の間にもどり、りょうが挨拶《あいさつ》にでた。

城吉《じょうきち》、茂平《もへい》と蚕婦《さんぷ》、佐久郎と髪結《かみゆ》いの一行は、三日がかりで皇居《こうきょ》内の宿泊所《しゅくはくしょ》についた。船で利《と》根川《ねがわ》をくだるとき、佐久郎が馬で金貨《きんか》をはこんだころの武勇伝《ぶゆうでん》をきかせ、娘たちをよろこばせた。

養蚕所《ようさんじょ》は、皇居内《こうきょない》の吹上御苑《ふきあげぎょえん》の中にある。

りょうは、蚕《かいこ》が初眠《しょみん》にはいると休みがとれて家族《かぞく》に手紙をかいた。

拝啓《はいけい》　私《わたし》は元気で島村《しまむら》の名にはじないよう一生懸命《けんめい》つとめておりますから、ご安心ください。こちらにつくとまず御所《ごしょ》とお茶屋《ちゃや》を拝見《はいけん》しました。きょうははじめての宿下《やどさが》りで、人力車《じんりきしゃ》で東京見物をしましたが、門限《もんげん》におくれておかみさんに叱《しか》られてしまいました。

皇后《こうごう》は、掃立《はきた》ての日、おすべらかしの髪《かみ》に緋《ひ》の総模様《そうもよう》の振《ふ》り袖《そで》をめされ、おおぜいの女官《じょかん》をしたがえてお見えになりました。一日に一度はお見えになり、蚕《かいこ》にひとつかみの桑《くわ》をあたえられます。

天皇《てんのう》は、いままでに二回、きょうは馬にのって行幸《ぎょうこう》になりました。

天皇や皇后にお目にかかれるなんて夢《ゆめ》のような光栄《こうえい》です。お蚕はすばらしいですね。

女官の白い顔にはおどろきました。掃立《はきた》ての日、皇后にしたがってご養蚕所にきた女官たちが、わたしたちを見てくすくすわらうのです。（失礼《しつれい》な）とそっと女官の顔をみあげたわたしは、あっと声をあげそうになりました。女官のどの顔もお面《めん》みたいにまっ白なんです。おかしいのをこらえて、なぜ女官がわらっているのかとうかがうと、壁《かべ》にはってある絵と、わたしたちがそっくりのせいらしいのです。その絵は、島村の絵描《か》きさんがお祝《いわ》いに献上《けんじょう》したもので、裾《すそ》をからげたわらじばきの蚕婦がならんでいる絵です。おたがいに、みなれないものはおかしいのねと、あとでみんなでわらってしまいました。

食事は、おいしいものをいただいています。皇后が飼《か》われるお蚕を大奥《おおおく》までもって行ったとき頂《ちょう》戴《だい》したお菓子《かし》ときたら、食べるのがおしいくらいきれいで、成二《せいじ》にもわけてあげたかった。

仕事《しごと》もきつくはありません。

母上には、お蚕をはりきりすぎてつかれませんように。

では、またおたよりします。

父上、母上、兄上様

りょう

しんは、りょうの手紙をくりかえし読んでは壮太郎《そうたろう》に言う。

「りょうときたら……。あの子はうっかり者《もの》だから心配《しんぱい》だよ。ゆりのようだといいけどねえ。不敬《ふけい》なことでもあったらどうしよう」

「大丈夫《だいじょうぶ》ですよ、かあさん。蚕婦《さんぷ》にはしっかりしたおばさんもいることだし、いい嫁入《よめい》り修業《しゅぎょう》になりますよ」

しんの顔色がやわらいだ。

一行は二か月ちかく滞在《たいざい》して繭《まゆ》かきをすませ、給金《きゅうきん》や三つ組杯《さかずき》、煙草《たばこ》入れ、たもと落とし（香《こう》、汗《あせ》ふきなどをいれる袋《ふくろ》で左右のたもとにいれる）などをもらって島村《しまむら》に帰った。

壮太郎は、城吉《じょうきち》の紹介《しょうかい》で村の有志《ゆうし》とご養蚕所《ようさんじょ》を見学し、帰りに前橋《まえばし》にあたらしくできた製糸場《せいしじょう》をおとずれ、ピカピカひかる最新型《さいしんがた》の製糸機械《せいしきかい》に目をみはった。そのときは自分が製糸場をつくるなどおもいもよらなかった。

4　壮太郎《そうたろう》とゆりの結婚《けっこん》

あくる年、蚕種《さんしゅ》づくりがおわると一九歳《さい》の壮太郎にはいくつもの結婚《けっこん》の話があった。

母のしんは、ぶ厚《あつ》い書き付《つ》けから相手《あいて》の家柄《いえがら》、資産《しさん》、本人の素性《すじょう》などをしらべ、えりすぐって壮太郎にすすめた。

「壮太郎、今は蚕種もうまくいってるし、おまえが身《み》をかためてくれたらとうさんもわたしもひと安心できるよ。この娘《むすめ》さんたちなら、すっかりしらべてあるからどの人でもいいからね」

「まだその気になりません」

壮太郎は、そのたび話をそらしてしまう。

ゆりの白い顔が、壮太郎の心からはなれない。

三年前、ゆりは母の病気のため赤城《あかぎ》の家に帰ったが、約束《やくそく》どおりおととしはお盆《ぼん》休み、去年は夏の花火のときお客《きゃく》にきた。

くるたびに、ゆりは娘《むすめ》らしくなった。

そのまるい顔をみていると、壮太郎《そうたろう》はほっと心がやすらぐ。

今年は秋祭《まつり》にくるはずで、壮太郎は心待《ま》ちしている。

会社の二年目の蚕種《さんしゅ》は、去年より高値《たかね》の五円一〇銭《せん》で売れ、村の人たちは大よろこびで、秋祭には前島《まえっちま》にある諏訪神社《すわじんじゃ》に神楽獅子《かぐらじし》の一座《ざ》をよぶことになっていた。

秋祭の前日にお客にきたゆりは、一八歳《さい》、白れんの花びらのような頬《ほほ》がにおうようで、小柄《こがら》ながらあたりがはなやいだ。

「おまねきいただきまして、ありがとうございます」

ゆりは、家中の人にむかえられ、あかるい顔で挨拶《あいさつ》した。

「おかげさまで母の病気がなおりました」

壮太郎は、胸《むね》がたかなった。

「それはよかったね」

しんにつづいて、りょうが、

「じゃ、ゆりちゃん、お嫁《よめ》にいけるね」

と、言うとゆりは、はにかんでうつむいた。

壮太郎は、おちつけなくなった。

その晩《ばん》、ゆりがまんの部屋にはいってから、しんが壮太郎とりょうを奥《おく》の間《ま》によんでこともなげに言った。

「ゆりはあした前島のお祭《まつり》をみて、あさって見合《みあい》をするからね」

「え！　だれと？」

りょうが、せきこんでたずねた。

「ホラ、新野《しんの》の喜平《きへい》さん。三年まえおかみさんに死《し》なれたろう。ゆりをみそめて、まえからほしいと言われてたんだよ」

「そんな、急《きゅう》に……」

壮太郎は声をあらげた。

「だって喜平さんは五〇でしょ。ゆりちゃんと同じ年の娘に、うるさいおばあさんと寝《ね》たきりのおじいさんがいるじゃないの」

「娘は嫁《よめ》にいくし親はどこにもいるよ。喜平さんはおおきく蚕種をやっていて、人品《じんぴん》はいいし、ゆりの親兄弟のめんどうもみてくれるってさ。こんないい話はないよ。ゆりの親たちも手紙でよろしくと言ってきたし、うちで親がわりになるつもりだよ」

「でも、一八で後妻《ごさい》はひどいんじゃない。ゆりちゃんはわかい男衆《おとこしゅ》がなん人もねらっているのよ」

「それで、本人は？」

壮太郎《そうたろう》が、声をつまらせて言った。

「ゆりは、会ってみるってさ。親思いの子だからね」

「そんな！　ゆりちゃんは家の犠牲《ぎせい》になるんじゃないか。わたしは反対《はんたい》だ！」

壮太郎のはげしい言葉に、しんはおどろいて壮太郎をみつめた。

「これはゆりの問題《もんだい》だからね。はたでどうこうってもんじゃないよ」

と、言って、そそくさと立ちあがった。

その夜、壮太郎はなんども寝返《ねがえ》りをうった。

白れんの花びらのような頬《ほほ》が心をよぎる。地味《じみ》な身なりをしていてもゆりにはなんか花があり、ゆりがいるだけで心がやすらぐ。

ゆりにはずっと好意《こうい》をもっていたが、結婚《けっこん》まではかんがえていなかった。

しかしはなれてくらし、母にうるさく結婚をすすめられると、ゆりがわすれられない自分にきづいた。ゆりのほかに結婚の相手《あいて》はかんがえられなくなり、ゆりの母親の病気が回復《かいふく》するのをまっていた。

（ゆりでなければだめだ。ゆりと結婚しよう！）

壮太郎は、はっきり心にきめた。

秋祭《まつり》の日の昼すぎ、壮太郎は、ゆり、りょう、成二《せいじ》といっしょに、渡《わた》し船《ぶね》にのって前島《まえっちま》の諏訪神《すわじん》社《じゃ》にでかけた。

神社は、二本ののぼり旗《はた》がはためき、金魚売りやあめ屋の出店《でみせ》もでて、村の人たちでごったがえしている。

獅子《しし》頭《がしら》をつけた三人の芸人《げいにん》が、横笛《よこぶえ》にあわせて鼓《つづみ》をうちながらまうのを、ゆりは目をかがやかせて見ていた。

壮太郎は、ゆりがかたわらにいるだけで幸《しあわせ》せをかんじた。

「よう、壮太郎さん。やっと嫁《よめ》さんがきまったかい」

前島の若者《わかもの》が、そばにきてひやかした。

「いや、うちにいたゆりちゃんだよ」

「えっ、毛虫《けむし》が蝶《ちょう》になったみたいだ」

ゆりは赤くなってうつむき、小さい声でいった。

「わたし、さきに帰ります」

「まだいいじゃないか」

「おまんさんが、里に帰ったからおかみさんひとりですし。夕飯の支度《したく》もありますから」

「それじゃ、わたしも帰るよ。りょうにことわってくる」

ふたりで渡《わた》し船《ぶね》にのると、すずしい風がすうーと頬《ほほ》をなでる。

赤城山《あかぎやま》がくっきりと青くうき立ち、前島《まえっちま》の白壁《しらかべ》の蔵《くら》や森がみるみるとおざかって行った。

渡し船《わたぶね》をおりると、一面のすすきの原にひとすじの小道がつづいている。小道にはいると、おとなの背丈《せたけ》をはるかにこす銀《ぎん》色のススキの穂波《ほなみ》がさやさやとゆれ、チッ、チッと小鳥が鳴いていた。

「ゆりちゃん、キノコをごちそうさま。おふくろが大よろこびさ」

「あら、あんなものしかなくて」

ゆりは、そっと壮太郎《そうたろう》をみあげまたたきをした。

そのしぐさが、ういういしかった。

壮太郎は、つかつかとゆりの前にたちはだかった。

ゆりは、壮太郎の胸《むね》までしかない。

「ゆりちゃん。わたしのところにきてくれないか」

「えっ」

ゆりの頬《ほほ》にさっと紅《べに》がさし、大きく目をみひらいた。

「前からゆりちゃんのことをおもっていた。わたしのこときらい？」

ゆりは、あわてて首をふった。そして、

「わたしはあした……」

と、言って、うつむいた。

「その話はきいた。でもわたしはきめたんだ。ゆりちゃんと結婚《けっこん》したい。かあさんにことわってくれ。喜平《きへい》さんにはわたしから話す」

壮太郎の声が、ふるえた。

「わたしが見合《みあい》するのできゅうに……」

「いや、ゆりちゃんのかあさんの病気がなおってからとおもっていた」

「でも身分《みぶん》がちがいます。わたしは教育もないし……」

ゆりは、うつむいてきっと口をむすんだ。

「身分《みぶん》だの家柄《いえがら》だのっていうのがふるいんだよ。西洋では好《す》きあった者同志《ものどうし》が結婚するのを理想《りそう》としている。わたしもそうおもう」

「ご両親《りょうしん》が……」

「ふたりとも古いけど説得《せっとく》するよ。ゆりちゃんの人柄《ひとがら》は気にいってるんだし。家にきてもらっても、おふくろはきついし人をつかうのは大へんだとおもう。でも食べて行く自信《じしん》はある。ね、いいだろう」

壮太郎の頬も、紅潮《こうちょう》していた。

やがてゆりはしずかにうなずいた。

そして、壮太郎をひたとみつめ、

「夢《ゆめ》みたいです。うれしくて……、どんな苦労《くろう》もいといません。あきらめていました」

と、言って、そっと目がしらをおさえた。

「ありがとう！」

壮太郎《そうたろう》は、大きく息《いき》をすいこんだ。

すすきの原から、数羽《すうわ》の小鳥がとびたった。

その晩《ばん》、壮太郎は奥《おく》の間に両親をよんで言った。

「結婚《けっこん》したい相手《あいて》がきまりました」

とたんに、両親は満面《まんめん》にえみをたたえた。

「ゆりちゃんと結婚したいんです。ゆりちゃんも承知《しょうち》しました」

壮太郎の声が、かすれている。

しんが顔色《かおいろ》をかえ、目をつりあげてわめいた。

「なんということを！　ゆりの見合《みあい》の話をきいて気がかわったね」

「いや、母親の病気がなおるのをまっていたんです」

「喜平《きへい》さんの顔をつぶすのかい」

「喜平さんには、わたしから話します」

「ゆりは成二《せいじ》の守《も》りっこであとは飯炊《めした》きじゃないか。どこの馬の骨《ほね》ともわかりゃしない。おまえには、申《もう》し分ない娘《むすめ》との縁談《えんだん》がふるほどあるというのに、みむきもしなかったのはゆりのせいだったんだね。ゆりにだまされてるんだよ。虫もころさない顔をして……」

「やっぱりゆりか。ほかに気にいったのはなかったか」

弥吉《やきち》が、不快《ふかい》といらだちを全身《ぜんしん》にあらわして言った。

「家柄《いえがら》なんてふるいですよ。福沢諭吉《ふくざわゆきち》が言ってます。『天は人の上に人をつくらず。人の下に人をつくらず』って。ゆりちゃんなら安心してこの家をまかせられるとおもうんです。かあさんだって、いつもゆりちゃんをほめてたじゃないですか」

壮太郎は、きっぱり言った。

「奉公人《ほうこうにん》と嫁《よめ》はべつだよ。この家の跡取《あとと》りがもとの奉公人《ほんこうにん》と結婚するなんて、親戚《しんせき》や近所の人にあわせる顔がないよ」

と、しんはうろたえて言った。

「ゆるせん」

弥吉が、畳《たたみ》をけってでていった。

しんも弥吉のあとをおい、壮太郎はひとりで頭をかかえた。

そこへりょうと成二がはいってきて、はげました。

「にいさん、がんばってね」

「ゆりちゃんがいい。おいら、ゆりちゃんでなければいやだ」

「ありがとう。大丈夫《だいじょうぶ》だ」

あくる朝、壮太郎《そうたろう》は喜平《きへい》の家に行って、じぶんとゆりの気持を話してわびた。

「わかりました。壮太郎さんはさすがに目がたかい。おしいが壮太郎さんなら言うことないよ。ゆりちゃんを泣《な》かせるようなことがあったら、わたしが承知《しょうち》しないからな」

と、言って喜平はからからとわらった。

壮太郎は、冷《ひ》や汗《あせ》をかいてふかく頭をさげた。

喜平と結婚《けっこん》しても、ゆりは幸《しあわ》せになったかもしれないとおもった。

壮太郎を見送る喜平の横顔に、ちらとさびしそうな影《かげ》がよぎった。

そのあと、しんは壮太郎と口をきかなくなった。

壮太郎は、しんよりも弥吉《やきち》のつめたい視線《しせん》がこたえ、夜ねむれないこともあった。

家の中がぎくしゃくして、りょうが両親と兄の間をとりもとうとしても弥吉もしんもとりあわない。

しかし壮太郎はたえた。気持ちはかわらなかった。

くる日もくる日も冷戦《れいせん》がつづいた。

ある日、覚悟《かくご》をきめた壮太郎は、両親に胸《むね》のうちを話した。

「とうさんとかあさんがそんなに反対《はんたい》なら、わたしは家をでます。土地や金がなくても、ふたりで働《はたら》けば食べていけますよ。成二《せいじ》は一〇だけどしっかりした子です。とうさんはまだ若《わか》いし、成二がこの家をついでも十分まにあうでしょう」

ふたりの顔色がかわった。

弥吉としんはついにおれて、壮太郎とゆりの結婚をゆるした。

話がきまってからは、ふたりは家族にも他人《たにん》にも、ぐちひとつこぼさなかった。

その年の暮《く》れ、壮太郎とゆりの結婚式と祝宴《しゅくえん》は、三日三晩《ばん》つづけられた。

5　ミナト横浜《よこはま》

明治《めいじ》七年（一八七四）秋。

壮太郎は、会社の三年目の蚕種《さんしゅ》を、佐久郎《さくろう》といっしょに横浜に売りに行く大役をうけた。

ゆりと結婚し、長男栄太郎《えいたろう》も生まれた壮太郎は、会社の検査員《けんさいん》としても村の人に信頼《しんらい》されていた。

空は青くすみわたり、柿《かき》の実《み》がたわわにみのっている。

蚕種《さんしゅ》は別送《べっそう》し、昼すぎつむぎの袷《あわせ》の裾《すそ》をからげ、ももひきと脚絆《きゃはん》姿《すがた》の壮太郎《そうたろう》と佐久郎《さくろう》は、人力《じんりき》車《しゃ》で熊谷《くまがや》（埼玉県熊谷市《さいたまけんくまがやし》）まで行き船で荒川《あらかわ》をくだった。

定期便《ていきびん》の船の中は、夜ふけまで子どもの泣《な》き声や話し声がしてねむれない。夜があけると、両《りょう》岸《がん》に銀色のススキの穂波《ほなみ》が行けども行けどもつづいていた。

その夜、千住《せんじゅ》で船をおり人力車で新橋《しんばし》に行き泊《とま》る。

あくる日の朝はやく、ふたりは明治《めいじ》五年に日本ではじめて新橋《しんばし》、横浜間《よこはまかん》に開通《かいつう》した陸蒸気《おかじょうき》（汽車）にのるため、新橋駅《しんばしえき》にいそいだ。

構内《こうない》に入ったふたりは、目をみはった。男の人の半分は、山高帽《やまたかぼう》をかぶった洋服姿《すがた》で、黒革《かわ》の長靴《ちょうか》がピカピカひかっている。

数年前までは、腰《こし》に刀《かたな》をさして往来《おうらい》を闊歩《かっぽ》していた人たちかもしれない。今は役人などになっているのだろう。

「みい！」

佐久郎が、壮太郎の袖《そで》をひいた。

胸《むね》に絹《きぬ》のかざりが波《なみ》うち、腰《こし》がくびれ裾《すそ》がひろがった洋服に、鳥の羽根のついた帽子《ぼうし》をかぶった婦人《ふじん》が、スッスッとあるいて行く。

2　もえる蚕種

「ほう。西洋人みたいですねえ」

「これがハイカラのおなごか。わしは日本髪《がみ》の方がいいわい」

などと言いながら、ふたりは洋装《ようそう》の婦人《ふじん》から目がはなせない。

陸蒸気《おかじょうき》は、黒光りした五両編成《りょうへんせい》で上等、中等、下等にわかれており、ふたりは中等にのった。

列車《れっしゃ》がガタン、ガタンとゆれるたびに、両手をあわせた老《ろう》婦人が肩《かた》をふるわせて、「なむあみだぶつ、なむあみだぶつ」と念仏《ねんぶつ》をとなえている。わらうものはいない。

野も林も、あっというまに消《き》えさって行く。

壮太郎《そうたろう》は、カアッと体があつくなった。

「ほんとに文明開化《ぶんめいかいか》ですなあ」

佐久郎《さくろう》の、のぶとい声がひびく。

横浜駅《よこはまえき》につき、二頭立ての馬車《ばしゃ》にのって横浜港《こう》まで行った。

びょうぶのような、緑《みどり》の山やまにかこまれたふかい入り江に、たかいマストのはなやかな外国船がいくつも停泊《ていはく》している。

横浜は、安政《あんせい》六年（一八五九）に開港《かいこう》するまでは人家《じんか》もまばらな農漁村《のうぎょそん》にすぎなかった。

しかし、幕府《ばくふ》は、またたくまに人を集め海を埋《う》めたて家を建《た》てつづけたので、開港後の町はめざましい発展《はってん》をとげていた。

「どうだな、横浜は？」

「すごい！　まるで外国にきたようですね」

壮太郎は、この海のかなたにフランスやイタリアがあるかとおもうと胸《むね》がたかなった。

船体《せんたい》にイタリアの国旗《こっき》をえがいた巨大《ぎょだい》な蒸気船《じょうきせん》に、木の葉のような日本の小舟がちかづき、輸《ゆ》出《しゅつ》の品《しな》じなをつみこんでいる。

甲板《かんぱん》の上でも、外国人と小柄《こがら》な日本人が立ち働《はたら》いていた。

壮太郎は、港《みなと》に心をのこしながら馬車道《ばしゃみち》通《どお》りにでると、宮殿《きゅうでん》のような三階建てのグランドホテルがあった。佐久郎につづいてこわごわ中にはいり、生まれてはじめてのんだコーヒーにおもわず顔をしかめた。

坂《さか》の道を商店街《しょうてんがい》にむかうと、むこうから外国人の親子づれがきた。

数年まえ、イタリア人が島村《しまむら》にきたことがあり、大人《おとな》の外国人は見たことがあるが、子どもを見るのははじめてである。

子どもの目が秋空のように青く、金髪《きんぱつ》が波《なみ》うっている。

（かわいいなあ。ゆりや成二《せいじ》にも見せてやりたい）

壮太郎は、人形のような子どもに見とれてしまった。

「ぼうっとしおって。これじゃ、いつになっても売込商《うりこみしょう》につかんわい」

佐久郎《さくろう》に言われて、われにかえった。

商店街には、雑貨屋《ざっかや》、衣料品店《いりょうひんてん》、食料品店《しょくりょうひんてん》などと軒《のき》をならべた蚕種《さんしゅ》の売込商《うりこみしょう》の店がいくつもあり、軒先《のきさき》まで蚕種があふれていた。

蚕種は、生産者《せいさんしゃ》が横浜《よこはま》の日本人の売込商にもちこみ、売込商が外国人の商館《しょうかん》で、外国商人に売りわたす仕組《しくみ》になっている。

「こんにちは。今年もお世話《せわ》になります」

「浜屋《はまや》」という売込商の店に、佐久郎がずいとはいって行った。

「佐久郎さん、いらっしゃい。蚕種は無事《ぶじ》につきましたよ」

だぶだぶの洋服に前かけをした目じりのさがった主人《しゅじん》が、あいそよくふたりを迎《むか》えた。

佐久郎が壮太郎《そうたろう》を紹介《しょうかい》してから、

「どうです、今年の景気《けいき》は？」

と、せきこんでたずねると、主人はみるみるしぶい顔になった。

「いや、まいりました。荷《に》がふえてふえて」

なるほど、店先から部屋《へや》まで蚕種が山積《やまづ》みされている。

「ことし横浜にもちこまれた蚕種が、例年《れいねん》の一倍《ばい》半の一五〇万枚《まい》とか。それをみこして外国商人が買いたたくでしょう。きょうは一枚五銭《せん》だなんていうんですよ」

「五銭《せん》だって！　去年は五円以上《いじょう》もしたじゃないか」

佐久郎が、かみつくように言った。

「そんな無茶《むちゃ》な！　百分の一だなんて」

壮太郎も、口ばしった。

「そう、五銭。蚕種をつくる人もこまるだろうが、わしらだって手間《てま》もとれやしません」

主人は、目をつりあげた。

「どうしてそんなに蚕種がふえたんですか？」

ふたりは声をそろえて言った。

「不景気《ふけいき》なところに蚕種の高値がつづきましたからね。われもわれもと蚕種をつくったからふえるわけですよ。そこで政府《せいふ》は、蚕種が値くずれしないように、去年輸出用と国内用をわけて輸出を制限《せいげん》しましたね。ところが諸《しょ》外国の抗議《こうぎ》がひどくて今年は統制《とうせい》を撤廃《てっぱい》したものだから、蚕種がどっと横浜にあつまったんです」

そのうえ、フランスで病気のない蚕種ができた。しかしまだたりないので、たりない分だけ日本に買いにきたという。

壮太郎は肩《かた》をおとした。

その時、店先に荷車《にぐるま》がとまり、顔色のわるい男がかがみこむようにしてはいってきた。

「どうかこの荷《に》をあずかっておくんなさい」

男は、すがるような目をして言った。

「うちはお得意《とくい》さんだけで手いっぱいでさあ」

「わしは埼玉《さいたま》からきやしたが、はじめて蚕種《さんしゅ》をつくったもんで売込商《うりこみしょう》に知り合いがなくて。朝から歩きまわって足が棒《ぼう》のようでして」

「ひきうけてやりたいが、これ以上《いじょう》家の中におけやしません」

「そこを、まげてどうか……」

「この安値《やすね》じゃ、わたしらもあんたがたと共倒《ともだお》れ寸前《すんぜん》じゃい！」

主人《しゅじん》が言葉をあらげると、男はすごすごと帰って行った。

「あまい顔すりゃ、うごかないんでさあ」

主人が、はきすてるように言った。

主人の話によると、蚕種が売れず国元《くにもと》に帰れない人がなん千人もおり、首をつったり海に身《み》をなげた人もあるという。

「ところで、島村《しまむら》の蚕種はやはり上等《じょうとう》ですねえ。いくらなら売りますか？　ことしはどんないい蚕種でも、五〇銭《せん》が最高《さいこう》ですよ」

がらりと態度《たいど》をかえた主人は、へつらうように言った。

「五〇銭！　とんでもない」

「そんな値《ね》では島村に帰れません」

「ううん。それでは特別《とくべつ》に七〇銭まではずみましょう」

「いや、会社の方針《ほうしん》で二円以下《いか》では売らないことになってるんです」

壮太郎《そうたろう》が、きつい口調《くちょう》で言い、佐久郎《さくろう》もうなずいた。

「あんたがた、会社の方針《ほうしん》だなんて言ってたら一枚《まい》も売れませんよ」

「値があがらぬようなら、安くても売らなきゃならんかのう」

あきらめたような佐久郎の口ぶりに、壮太郎がくってかかった。

「佐久郎さん、そんな弱腰《よわごし》じゃこまりますよ」

「おぬし、気がつよいのう。がんばってみるか」

「そうですよ」

主人が、あわれむようにふたりを見ていた。

6　もえる蚕種《さんしゅ》

そこへ店の小僧《こぞう》があわただしくかけこんできて、主人《しゅじん》に新聞《しんぶん》をわたした。いそいで新聞に目をはしらせた主人は、歓声《かんせい》をあげた。

「よかった、よかった。これで蚕種もすこしはもちなおすでしょう」

新聞は、佐久郎《さくろう》にわたった。

「やあ、でかした。さすがに大商人《だいしょうにん》のやることはちがうわい」

佐久郎から、うばうように新聞をうけとった壮太郎《そうたろう》の目に、

「蚕種《さんしゅ》を買い上げよう」という、広告文《こうこく》の大見出しがとびこんできた。

発起人《はっき》として、東京《とうきょう》の古河市兵衛《ふるかわいちべえ》をはじめ、横浜《よこはま》の原善三郎《はらぜんざぶろう》ら六人の大商人の名前がつらねてある。

広告文《こうこくぶん》はつぎのようなものであった。

「蚕種は国の重要《じゅうよう》な輸出品《ゆしゅつひん》であるが、今年は生産過剰《かじょう》になり、価格《かかく》が暴落《ぼうらく》して生産者も売込商《うりこみしょう》もこまっている。そこでわれわれが相当《そうとう》の値《ね》で買い上げよう。ただし、これは農民や商人ひいてはわが国の産業発展《さんぎょうはってん》のためであって、けっして値をつりあげてわれわれが利益《りえき》を得《え》るためのものではない」

壮太郎は、新聞をたかだかとかざした。

「よかった！」

「救《すく》いの神《かみ》じゃ」

「これで蚕種の値段《ねだん》もいくらか落《お》ちつくでしょう。茶でもおあがんなさい」

主人は、てのひらをかえすようにあいそよくなった。

「ほっとひと息ですが、買いあげた蚕種はどうするんでしょう？」

壮太郎がきくと、主人が、

「人助《ひとだす》けにすることだから、いずれすてるんでしょうな」

と、こともなげに言った。

「買いあげはあしたからとあるから佐久郎さん、あしたの朝さっそく様子《ようす》を見に行きましょう」

「おう」

その晩《ばん》、ちかくの宿屋《やどや》にとまったふたりは、あくる日の朝はやく、蚕種を買いあげるという弁天《べんてん》通りにでかけた。

通りは、ひきもきらぬほど蚕種《さんしゅ》をつんだ荷車《にぐるま》がつづいていた。

買《か》い付《つ》け場《ば》では、渋沢栄一《しぶさわえいいち》のいとこでがっしりした大男の渋沢喜作《きさく》が陣頭《じんとう》に立ち、発起人《ほっきにん》が値《ね》をつけて、生産者と折《お》り合いがつくとその場で買いあげていた。一枚一〇銭《せん》から三〇銭くらいだったが、ほとんどの人がからの荷車《にぐるま》をひいて帰った。

九死《きゅうし》に一生《いっしょう》をえたとよろこぶ人さえあった。

夕方になると、喜作《きさく》は買い上げた蚕種の上物《じょうもの》だけ別《べつ》にし、のこりを荷車に山積みして元吉原《もとよしわら》(今の横浜公園《よこはまこうえん》)の空《あ》き地《ち》にはこび、火をつけた。

かわききった蚕種は、巨大《きょだい》な炎《ほのお》の柱《はしら》となってもえあがった。

あとからあとからつめかけた群衆《ぐんしゅう》が、天にもとどくかとおもわれる炎《ほのお》をぼうぜんと見つめている。

とつぜんさけびだす人、がむしゃらにはしりまわる人もいる。

それらが、まっ赤《か》にうつしだされていた。

「地獄《じごく》の火じゃ」

ひとりの農夫《のうふ》がつぶやき、よじれた手ぬぐいで目をぬぐっている。

壮太郎《そうたろう》は、立ちすくんだ。

(やめてくれ!)と、かけだしたい衝動《しょうどう》にかられる。

この一枚《まい》の蚕種にどれほどの汗《あせ》と願《ねが》いがこめられているだろう。

わが子のようにいとしんだ蚕種が、いま紙くず同然《どうぜん》もやされている。

畑《はたけ》をおおいつくす桑《くわ》、アリのようなケゴから夜もろくにねむらず蚕《かいこ》をそだて、繭《まゆ》をつくらせ、いのる気持で産《う》ませた卵である。

繭のまま売れば、ずっと高く売れたろうに……。不況《ふきょう》にあえぐ農民たちは、好景気《こうけいき》の蚕種づくりに変《か》えて失敗《しっぱい》してしまった。

そうかといって、安くても売らなければ生きていけない。

壮太郎は、きびしくかなしい現実《げんじつ》に心がふさいだ。

宿屋《やどや》へ帰る時、「キリシタンの魔法《まほう》」とさわがれたガス灯《とう》がおぼろげに大通りをてらし、異国《いこく》にきたような感傷《かんしょう》におそわれた。

あくる日、ふたりが「浜屋《はまや》」に行ってみると、主人が声をひそめて言った。

「大手《おおて》の売込商《うりこみしょう》たちは、蚕種の買いあげがおわるまで、蚕種を外国商人にいっさい売らないことを申《もう》し合《あ》わせましたよ。それに大きい声ではいえぬが、買いあげを計画したのは渋沢栄一さんで、政府《せいふ》が八万五千円だしたそうじゃ」

「えっ、政府が。またどうして？」

「このままでは、生産者も商人もまいってしまう。良心的《りょうしんてき》な外国商人は値が安定《あんてい》するのをまっている。そこで政府《せいふ》が渋沢《しぶさわ》さんに知恵《ちえ》をかりて、蚕種《さんしゅ》を買いあげたという話じゃ」

八万五千円というのは、ことし政府が発行《はっこう》した蚕卵《さんらん》台紙の売り上げ代金《だいきん》である。

渋沢栄一《しぶさわえいいち》は、大蔵省《おおくらしょう》をしりぞき第《だい》一国立銀行の総監役《そうかんやく》をしていた。

「でも、渋沢さんが表《おもて》にでないのはどうしたわけでしょう」

壮太郎《そうたろう》が、けげんな顔をしてきいた。

「渋沢さんは大蔵省をやめましたが、まだ半分くらいは政府の役人のように世間では見られていますからね。渋沢さんの名前がでれば、背景《はいけい》にやはり政府がとかんぐられて、自由経済《じゆうけいざい》をさけぶ外国がうるさくてしかたない。そこで、古河《ふるかわ》ら大商人《だいしょうにん》の名前をかりたそうです」

「ほう。さすがに渋沢さんですね！」

(島村勧業《しまむらかんぎょう》会社の設立《せつりつ》から蚕種の買い上げまで、農民出身《しゅっしん》の渋沢さんは、われわれ農民、いや日本のためをかんがえてくれている)

壮太郎は、ふかい感動《かんどう》をおぼえた。

買い上げは四一日間つづき、四五万枚の蚕種がやかれた。

その結果《けっか》蚕種がすくなくなったので、外国商人もたかく買わざるをえなくなり、値段《ねだん》もいちおう安定した。

この焼《や》き捨《す》ては、政府支出《ししゅつ》金の何倍《なんばい》も外貨《がいか》をかせぎ、外国人のいうままにならない日本をしめすことができた。

しかし、需要《じゅよう》のすくなくなった蚕種は、いかなる策《さく》をとっても輸出《ゆしゅつ》をふやすことはできず、蚕種を焼《や》き捨《す》てた明治《めいじ》七年以後蚕種の値段は下がるいっぽうで、二度と高値《たかね》にならなかった。

蚕種の黄金《おうごん》時代は、慶応《けいおう》三年から明治《めいじ》六年までの七年間でおわったのである。

壮太郎と佐久郎《さくろう》は、「浜屋《はまや》」に蚕種を残《のこ》したまま、いったん島村にもどり、社員と相談《そうだん》して蚕種を焼き捨てには売らないことにした。

焼き捨てがおわってから横浜に行き、上物《じょうもの》を最高《さいこう》二円で売ったが山のような売れ残りをだしてしまった。

そのあと、ふたりは横浜の町をあるき、めずらしい西洋のお菓子《かし》や人形をみやげに買った。

壮太郎が、島村にかえり、

「ただいま！」

と、玄関《げんかん》をあけると母のしんが、あわただしくむかえにでて声をはずませて言った。

「お帰り。壮太郎！　おまえの留守《るす》にえらいことがあったんだよ」

「え、どうしたんですか？」

「三日前の晩《ばん》だったよ。強盗《ごうとう》にはいられてねえ。でもゆりの機転《きてん》で小金《こがね》をとられただけですんでたすかった」

しんの話によると、夜《よ》ふけにひとりで日本刀《にほんとう》をもっておしいった強盗《ごうとう》は、弥吉《やきち》をしばりあげ金をだせとおどしたという。

しんは、足がすくんでしまってうごけない。

ふるえながら「ゆり！　ゆり！」とさけんだところへ、赤ん坊《ぼう》の栄太郎《えいたろう》をだいたゆりがかけこんできた。

ゆりは、カギをもって床《とこ》の間《ま》の金庫《きんこ》の前に行き、強盗に金庫《きんこ》がみえないようにしゃがみこんで金庫をあけた。

そのとき栄太郎が泣《な》きだした。ゆりがおしりをつねったのである。

ゆりは、胸《むね》をひらいてお乳《ちち》をあげるふりをして、大金《たいきん》の包《つつ》みをふところにいれ小金の包みを強盗にわたしたという。

「ゆりは、ああみえてもきもがすわっているよ。壮太郎《そうたろう》、お前の目にくるいはなかったね」

「ようやくわかりましたか」

壮太郎は、胸《むね》があつくなった。

そこへ栄太郎をだいたゆりが、いそいそとむかえにでた。

「お帰りなさい」

「ゆり、ごくろうさん。強盗をうまくかわしたそうだな。こわくなかったかい」

「いえ、ただむちゅうで。あとでがたがたふるえました」

ゆりは、頰《ほほ》をそめてうつむいた。

「よくやった。ありがとう」

壮太郎は、ほこらしい気持でゆりをみつめた。

それから、栄太郎をだきあげた。

7　イタリアの蚕《かいこ》

秋もふかまったある日、壮太郎は、父の使《つか》いで会社の副《ふく》社長の田島城吉《たじまじょうきち》の家に行った。

「壮太郎さん、ちょうどいいところにきてくれたね。お宅《たく》へ行こうとおもっていたんですよ。おもしろいものがあるんです」

用事《ようじ》をすませると、城吉《じょうきち》が長方形の木箱《きばこ》をもってきた。

「イタリアの微粒子病《びりゅうしびょう》がないという蚕種《さんしゅ》が手にはいりましてね」

「え！　ほんとですか」

城吉《じょうきち》の話によると、横浜《よこはま》の知人《ちじん》の売込商《うりこみしょう》が、イタリアから送ってきた蚕種をわけてくれたという。

壮太郎が、紫色《むらさき》のゴマ粒《つぶ》ほどの蚕種に目をこらすと、日本のものよりひと粒《つぶ》ひと粒がやや大きくて、つやもよい。

「ほう、これはいいですね。外国で微粒子病のない蚕種ができたという話ですが、これが本物ですか！」

「そういうんだがね。この手紙をよんでみなされ」

巻紙《まきがみ》に毛筆《もうひつ》でかかれた手紙は二通あり、売込商《うりこみしょう》のものともう一通はイタリア人の手紙をやくしてあった。

「ヨーロッパを三〇年間なやませた微粒子病は、イタリアでもようやく下火《したび》になりましたが、おいおい日本にもつたわって行くとおもいます。そこであなた方も先をみこしてこれまでの取り引きを逆《ぎゃく》におこない、イタリアから病気のない蚕種を輸入《ゆにゅう》したらいかがですか。ここにその蚕種を送りますから、ためしに飼《か》ってごらんなさい。ただし、イタリアの蚕《かいこ》は日本の蚕より桑《くわ》をたくさん食べますから桑が不足《ふそく》しないようにしてください」

「なるほど。イタリア、フランスで本当に微粒子病のない蚕種ができたのかどうか、この目でたしかめたいですね」

壮太郎は、ひざをのりだした。

「よかった！　若《わか》いもんはやっぱりいいなあ。なん人かにはなしてみたんだが、イタリアの蚕はこりたとみんなしりごみしちゃってね」

城吉《じょうきち》は、満足《まんぞく》そうにあごひげをなでた。

以前、壮太郎の家でも城吉にすすめられてなんどかイタリアの蚕を飼《か》ったことがあるが、蚕がつぎつぎにたおれ満足《まんぞく》な繭《まゆ》はいくらもとれなかった。

壮太郎は、足早《あしばや》に家に帰り息《いき》をはずませて父の弥吉《やきち》に言った。

「微粒子病がないという蚕種を、城吉《じょうきち》さんにわけてもらいましたよ。飼ってもいいですね。わたしはこの目で病気がないのをたしかめたいんです」

「いかん、いかん！　この前でこりごりだ。うちの蚕に病気をうつされたらどうする。会社の蚕なんだし、お前は検査員《けんさいん》だろう」

「うちのとはべつに物置《ものおき》で飼いますよ。わたしが世話《せわ》をしてだれにも迷惑《めいわく》はかけませんから」

壮太郎は、しぶる父をやっとときふせた。

あくる年の五月、物置《ものおき》で家の蚕とすっかり同じに飼ってみた。

早起きし昼休みをけずり、夜《よ》なべに蚕糞《さんぷん》をかたづけた。

都合《つごう》がわるいときは、ゆりに世話《せわ》をたのんだ。

会社の蚕《かいこ》とのちがいはすぐあらわれた。同じ量《りょう》の桑《くわ》でもたちまち食べつくし、そろって頭をふっている。あわてて桑をたした。

「すごい食欲《しょくよく》だ。これでは大きくなるだろうな」

イタリアの蚕は、家の蚕よりひとまわり大きく、死《し》んだ蚕はほとんどいない。繭《まゆ》をつくるまえ体があめ色になるのもひと足はやい。

まぶしに蚕をあげたあくる朝、壮太郎《そうたろう》は手燭《てしょく》をもって物置《ものおき》にかけこんだ。白いうす皮《かわ》の繭の中で、蚕はけんめいに糸をはいている。

二日《ふつか》で、輸出用《ゆしゅつよう》の繭よりおおぶりでまっ白い繭がまぶしにみちた。

「大きい繭だこと！」

と、いつのまにかきたゆりが、歓声《かんせい》をあげた。

「うん。すごい繭だろう」

「ほんと。めんどうみたかいがありましたね」

「そうだな。病気がなくて大きい繭なら生糸《きいと》がたくさんとれるだろうし、日本の蚕はかなわないかもしれない」

「そうですか……」

そこへ弥吉《やきち》もきた。

「とうさん、見てください。この繭の大きさ。それに死んだ蚕もくず繭もほとんどなくて、うちのよりずっといいですよ」

「うむ」

「イタリアで病気のない蚕種《さんしゅ》ができたのは本当《ほんとう》らしいですね。これはえらいことですよ」

「たまたまあたりだったんだろう。ぜんぶの蚕種がこんなによかったら、日本に買いにくるはずはないさ。いい蚕種をおくりこんで日本の蚕種を買いたたくつもりじゃないのか」

「でも、城吉《じょうきち》さんの家でもよかったそうですよ」

「壮太郎はすぐのるたちだからなあ」

「わたしだって負《ま》けたとはおもいたくないですよ。でも蚕種の値段《ねだん》は下《さ》がってしまったし、本当に外国でいい蚕種ができたのなら、つくり方をおしえてもらったらどうでしょう」

「なに！　外国におそわると。とんでもない。わしらは世界一の蚕種を輸出《ゆしゅつ》してきたんじゃ。まぐれあたりよ、気にすることはないわ」

弥吉《やきち》は、汗《あせ》をふきながらでて行った。

（とうさんが、あんなにカッカしたのははじめてだ。イタリアの蚕がいいのはわかっているけど、みとめたくないんだろう。しかしイタリアでこんなにいい蚕ができたとは……）

壮太郎《そうたろう》は、白い繭《まゆ》から目がはなせなかった。

この蚕種《さんしゅ》は、日本国内でいくらか輸入《ゆにゅう》されて飼《か》われたという。

その年、妹のりょうが隣《となり》村の旧家《きゅうか》の長男にのぞまれて結婚《けっこん》した。

8　蚕種の国内売り

明治《めいじ》九年（一八七六）秋のはじめ。

壮太郎は、例年《れいねん》のように蚕種の国内売りにでかけた。

島村《しまむら》の大きい蚕種業者《ぎょうしゃ》は、蚕種を輸出《ゆしゅつ》するほか、個人《こじん》で群馬県《ぐんまけん》や埼玉県内《さいたまけんない》に蚕種を買ってくれる得意《とくい》先をもっていた。

壮太郎は、仲間《なかま》二、三人と九月から一〇月にかけて群馬県の鬼石町《おにしまち》（藤岡市《ふじおかし》）、万場村《まんばむら》（神流町《かんなまち》）、楢原《ならはら》村（上野村《うえのむら》）方面に一週間から一〇日ほどでかける。

「では、行ってきます」

朝はやく、着物の裾《すそ》をからげ、わらじばきの壮太郎は、玄関《げんかん》に見送りにでた家族に挨拶《あいさつ》した。

「ゆり、蚕種が雨にぬれないようにきっちり油紙《あぶらがみ》につつんだね」

母のしんが、ねんをおす。

「はい」

ゆりは、ひとかかえもある蚕種の包《つつ》みをなでながら言った。

「壮太郎、坂道《さかみち》がおおいから足元に注意《ちゅうい》をおこたるなよ」

父の弥吉《やきち》も、顔をひきしめて言う。

そこへ、大きなふろしき包《つつ》みを背負《せお》った、若《わか》い男がはいってきた。

「壮太郎さん、よろしくおねがいします」

父親にかわってはじめて蚕種を売りに行く、近所の鉄平《てっぺい》である。

ひょろりと背《せ》がたかく、青白い顔の眉間《みけん》にしわをよせていた。

「鉄平《てっぺい》さん。壮太郎といっしょだもの、大船《おおぶね》にのった気持ちで行ってらっしゃい」

しんが自信《じしん》たっぷりにいうので、壮太郎は苦笑《くしょう》した。

「じきになれるさ。連《つ》れがあったほうがわたしもいいよ」

「ありがとうございます。島村からでるのははじめてのもんで」

鉄平はほっと顔をなごませ、八重歯《やえば》を見せてわらった。

壮太郎《そうたろう》は、鉄平《てっぺい》と人力車《じんりきしゃ》にのり半日ちかくかかって鬼石《おにし》についたが、ひとりで得意《とくい》先をまわるときは足がおもかった。

去年は、壮太郎が売った蚕種《さんしゅ》は大はずれで、ほとんどの農家に蚕種代金《だいきん》をそっくりかえしている。万場《まんば》や楢原《ならはら》村ではふつうの収穫《しゅうかく》があったので、気候《きこう》のせいだったかとおもったが心配だった。

ところが、農家の人たちは、今年は蚕《かいこ》があたったとみな上きげんで壮太郎はほっと胸《むね》をなでおろした。

鬼石《おにし》では、二日《ふつか》間蚕種を売ったり注文《ちゅうもん》をとったりして、鉄平といつもの宿《やど》に泊《と》まる。

あくる日も、神流《かんな》川ぞいにつづれ折《お》りの道をあるいて万場《まんば》へ行き、いちにち商売をした。

さらに神流《かんな》川をさかのぼり、楢原《ならはら》村にむかう。ときどき岩が道をふさぐせまい坂道を、壮太郎が先にたち鉄平があとにつづいた。

会う人はひとりもいない。蚕種の包《つつ》みは肩にくいこむほどおもく、背中《せなか》がじっとり汗《あせ》ばんできた。

ふりむくと、まっ赤《か》な顔をした鉄平が肩《かた》で息《いき》をしている。

「のどがかわいたなあ。ひと休みするか」

鉄平がにっこりしてうなずき、ふたりは背中《せなか》の荷《に》をおろした。

首からさげた竹筒《たけづつ》の谷川の水は、体中にしみわたるようにつめたい。

みわたす山やまは、赤や黄色の紅葉《こうよう》がはじまり、眼下《がんか》の渓流《けいりゅう》が、たかい水音をたてまっ白いしぶきがおどっている。

壮太郎は、スッとつかれがきえていった。

「いい眺《なが》めですねえ」

鉄平が、はしゃいだ。

「蚕種売りの中で、一番のごちそうさ」

またしばらくあるくと、西の空で黒い雲がうごきはじめた。

「大へんだ。雨がこないうちに楢原村まで行こう」

やがて、空一面がくらくなり、どしゃぶりの雨がふってきた。

紅葉《こうよう》の山も渓流《けいりゅう》もかすんで、足元をどろ水が流れる。

「すべらないように気をつけろ!」

壮太郎は、わらじばきの足を一歩ずつふみしめてあるいた。

「ヒャー」

とつぜん、壮太郎は悲鳴《ひめい》をあげて尻《しり》もちをついた。

体中から汗がふきだし、ふるえる指《ゆび》で道ばたをさした。

土がごっそりぬけおちて大きな穴《あな》があき、谷底《たにぞこ》へむかっていくつもの木がへしおられている。旅《たび》の人か、荷物《にもつ》をつんだ馬が転落《てんらく》したのかもしれない。鉄平が目をおおった。

壮太郎《そうたろう》は、背中《せなか》の荷《に》がおもく、足元がすべってひとりではうごきがとれない。鉄平《てっぺい》の手をかりてやっとたちあがり苦笑《くしょう》した。

「ありがとう。連《つ》れがあってよかった。蚕種《さんしゅ》づくりの方が楽だなあ」

大雨のなか楢原《ならはら》村の宿《やど》についたときは、ふたりともどろまみれである。あたたかい風呂《ふろ》にはいりさっぱりときかえて、やっと生きたここちになった。

あくる日、壮太郎は楢原村の得意先《とくいさき》の農家をまわったが、最初《さいしょ》のがけっぷちの家に行くのに気がおもかった。今年は蚕《かいこ》がよくないという情報《じょうほう》がはいっていた。

「こんにちは。おせわになります」

でてきた主人《しゅじん》が、にが虫をかみつぶしたような顔をして言った。

「今年はお宅《たく》の蚕種は買えませんよ。蚕が大はずれさね」

「え！」

「ほかの家でも同じにわるかったよ」

壮太郎は、立ちつくした。背中《せなか》の荷《に》におしつぶされそうである。

「鬼石《おにし》や万場《まんば》はよかったんですが……」

「こことは天候《てんこう》がちがうよ」

「それで、どんなぐあいでしたか？」

「まず五月におそ霜《じも》があって、桑の芽《め》がやられてさ。峠《とうげ》をこえて高い桑を買ってきたり、それからもさむくて桑の葉がのびない、病気はでるでさんざんさあね」

「それは大へんでしたね。おそ霜のことはきいて心配していたんですが……。わかりました。蚕種代金《だいきん》はいりません」

壮太郎は気持をきりかえて重《おも》い荷をおろさせてもらい、おそ霜《じも》のふせぎ方や、さむいとき蚕室《さんしつ》で火をつかうときの管理《かんり》などについてじっくりはなした。

「あんた、わかいのによく知ってるね。いい話だから村のもんにもきかせたいもんだ」

いつのまにか顔色をやわらげた主人の言葉に、壮太郎はあかるく答えた。

「いいですよ。すこしでもみなさんのお役にたてるなら」

その晩《ばん》は、村の人たちといろりの火をかこんで、自家製《じかせい》のどぶろくをのみながら、蚕の飼《か》い方や世間話に花をさかせた。

壮太郎は、洪水《こうずい》がないかわりにサルやイノシシに畑をあらされる村人たちのきびしい生活にふれ、自分もめげずに蚕種づくりに力をいれようとおもった。

帰りは、やはり鉄平と同じ道をとおり一〇日ぶりに家にもどった。

どっとつかれがでたが、ゆっくり休むまもなく家族の顔を見ただけで、二度三度と国内売りにでかけた。

9　副業《ふくぎょう》の製糸場《せいしじょう》

明治《めいじ》一〇年二月、島村《しまむら》では、佐久郎《さくろう》の主催《しゅさい》で東京《とうきょう》から大相撲《おおずもう》の力士《りきし》全員をよび興行《こうぎょう》を打った。利益《りえき》を明治八年にできた島村小学校に寄付《きふ》する目的で、村の蚕種業者《さんしゅぎょうしゃ》十数人が協力《きょうりょく》した。

「島村はたいしたもんだ、東京から大相撲をよぶとよ。蚕種は安くて物価《ぶっか》は高い不景気《ふけいき》の時に。会社ってのはそんなにいいのかなあ」

「なあに、島村だって金持ばっかりじゃないさ。木戸銭《きどせん》はらって見に行けるもんはたんとはなかんべ」

と、付近《ふきん》の村の人たちは噂《うわさ》をした。

力士たちは、大きな蚕種業者の家に分宿《ぶんしゅく》することになり、壮太郎《そうたろう》の家でも三人の力士を泊《と》めるため、ふだんの倍《ばい》の食事をつくった。

渡船場《とせんじょう》から宿《やど》まで力士は人力車《じんりきしゃ》にのったが、車夫《しゃふ》ひとりではひけず、綱《つな》でひっぱる人やあとおしをする人がついた。

大相撲当日になると、佐久郎は、木戸銭《きどせん》をあつめたり声をからして客をよびこんだり大はりきりである。

「さあさ。みなきゃ損《そん》だよ。東京の大相撲が島村で見られるんだよ。日本一の大相撲だい！」

佐久郎ののぶとい声がまい日ひびきわたった。

ところが、くる日もくる日もすさまじいからっ風にみまわれ、力士の目に砂《すな》がはいってしばしば相撲が中断《ちゅうだん》された。

そのうえ、見物客は期待《きたい》したほどはいらず大赤字になってしまった。

七月、島村に郵便局《ゆうびんきょく》が開局《かいきょく》し、佐久郎は初代《しょだい》局長に推薦《すいせん》された。

島村でも明治一一年、地租改正《ちそかいせい》が完成《かんせい》した。

地租というのは土地にかかる税金《ぜいきん》のことである。

政府《せいふ》は定収入《ていしゅうにゅう》をえるため、今まで米でおさめていた年貢《ねんぐ》をやめ、六年間かかって収穫高《しゅうかくだか》による土地の価格《かかく》をきめ、それに課税《かぜい》した。

島村でも農民たちが膨大《ぼうだい》な作業《さぎょう》をつみあげて一年ごとの土地の収穫高を算定《さんてい》し、県の検閲《けんえつ》をうけた。

ところが、国がそれより収穫高《しゅうかくだか》をおおく見積《みつも》り、いままでより高い税金《ぜいきん》を区長をとおして押《お》しつけてきた。

壮太郎《そうたろう》は「押《お》しつけ反米《たんまい》」と区長にはげしく抗議《こうぎ》したが受け付けられず、「君主専制《くんしゅせんせい》とはこれをいう」と憤慨《ふんがい》した。

壮太郎の父弥吉《やきち》は、値段《ねだん》がさがる一方の蚕種の将来《しょうらい》に不安《ふあん》をいだき、明治《めいじ》八年に副業《ふくぎょう》として屋敷《やしき》内に製糸場《せいしじょう》をつくっていた。

そのころ、群馬県内《ぐんまけんない》でさかんにおこなわれていた座操《ざぐ》り（手まわしで繭《まゆ》から糸をひく）製糸《せいし》で、付近《ふきん》の娘《むすめ》をなん人かやとった。

二、三年たつと会社の役員で外出がちな父にかわって製糸場をまかされた壮太郎は、生糸《きいと》を外国に輸出《ゆしゅつ》したいという夢《ゆめ》をもった。

明治一〇年の暮れ、横浜へ生糸を売りに行ったが品質《ひんしつ》がおとり輸出できない。

その後いろいろ改良《かいりょう》をつづけ、あくる年の五月また生糸を横浜へもって行き、三井物産会社《みついぶっさんがいしゃ》にアメリカへ輸出してくれるようたのんでおくと、その生糸がおもわぬ高値《たかね》で売れた。

製糸場をはじめて四年目である。

家中が、よろこびにわいた。

「お祝《いわ》いに女工《じょこう》もつれて本庄《ほんじょう》（埼玉県本庄市《さいたまけんほんじょうし》）へ芝居《しばい》見物にいこう」

「それがいいよ。芝居《しばい》も久《ひさ》しぶりだねえ。『水戸黄門《みとこうもん》』って話だよ」

しんが、すぐ賛成《さんせい》した。

壮太郎は、意気揚々《いきようよう》と人力車の先頭にのって芝居見物をし、生糸の将来に希望《きぼう》をふくらませた。

ところが喜《よろこ》びもつかのま、七月になって輸出した生糸が、ほぐれがわるく品質がおとるという苦《く》情《じょう》がアメリカからとどいた。

壮太郎は、いくつもの製糸場をたずねあるいて生糸のつむぎ方をまなんだ。しかし年末になってみると、赤字こそでないが製糸場は利益《りえき》をうむまでにはいかなかった。

明治一二年、壮太郎は製糸場に念願《ねんがん》の蒸気機関《じょうききかん》をそなえることにした。

今までは、女工《じょこう》ひとりで一台の座操機《ざくりき》をうごかしていたのが、なん台も受けもてるうえに、繭も蒸気《じょうき》でいっきに煮《に》ることができる。

弥吉はなにも言わなかったが、しんが眉《まゆ》をひそめた。

「壮太郎、そんな借金《しゃっきん》までしてうまくいくのかい。生糸は安値《やすね》でむずかしいんだろう」

「どうしてもやってみたいんです！」

東京で買った輸入品の蒸気機関が利根川岸《とねがわぎし》についたときは、一七人の人夫《にんぷ》をやとって製糸場まではこんでもらった。

道ばたに村の人たちがむらがり、目をみはってささやいた。

「壮太郎《そうたろう》さんは、でっかいことが好《す》きだなあ」

「えらい借金《しゃっきん》だって話だよ。うまくいけばいいが……」

壮太郎は、ゆりのまえで胸《むね》をはり、笑顔《えがお》で言った。

「ゆり、島村《しまむら》で蒸気機関《じょうききかん》がはいったのはわが家《や》がはじめてだぞ」

「よかったですね。でも……」

ゆりは、つぎの言葉をのみこんだ。

「なんだ、ゆりもかあさんと同じに文句《もんく》があるんか」

壮太郎は、言葉《ことば》をあらげた。

蒸気機関をいれたため、生糸《きいと》の生産量はふえ品質も向上《こうじょう》したが、大規模《だいきぼ》の製糸場《せいしじょう》の製品にはおとり、輸出《ゆしゅつ》は困難《こんなん》で安値《やすね》がつづいた。

製糸場の借金は、蚕種《さんしゅ》の利益《りえき》でかえしていたため、壮太郎は今まで以上《いじょう》に蚕種づくりにも力をそそいだ。

三 イタリア直輸出(ちょくゆしゅつ)

Teatro alla Scala

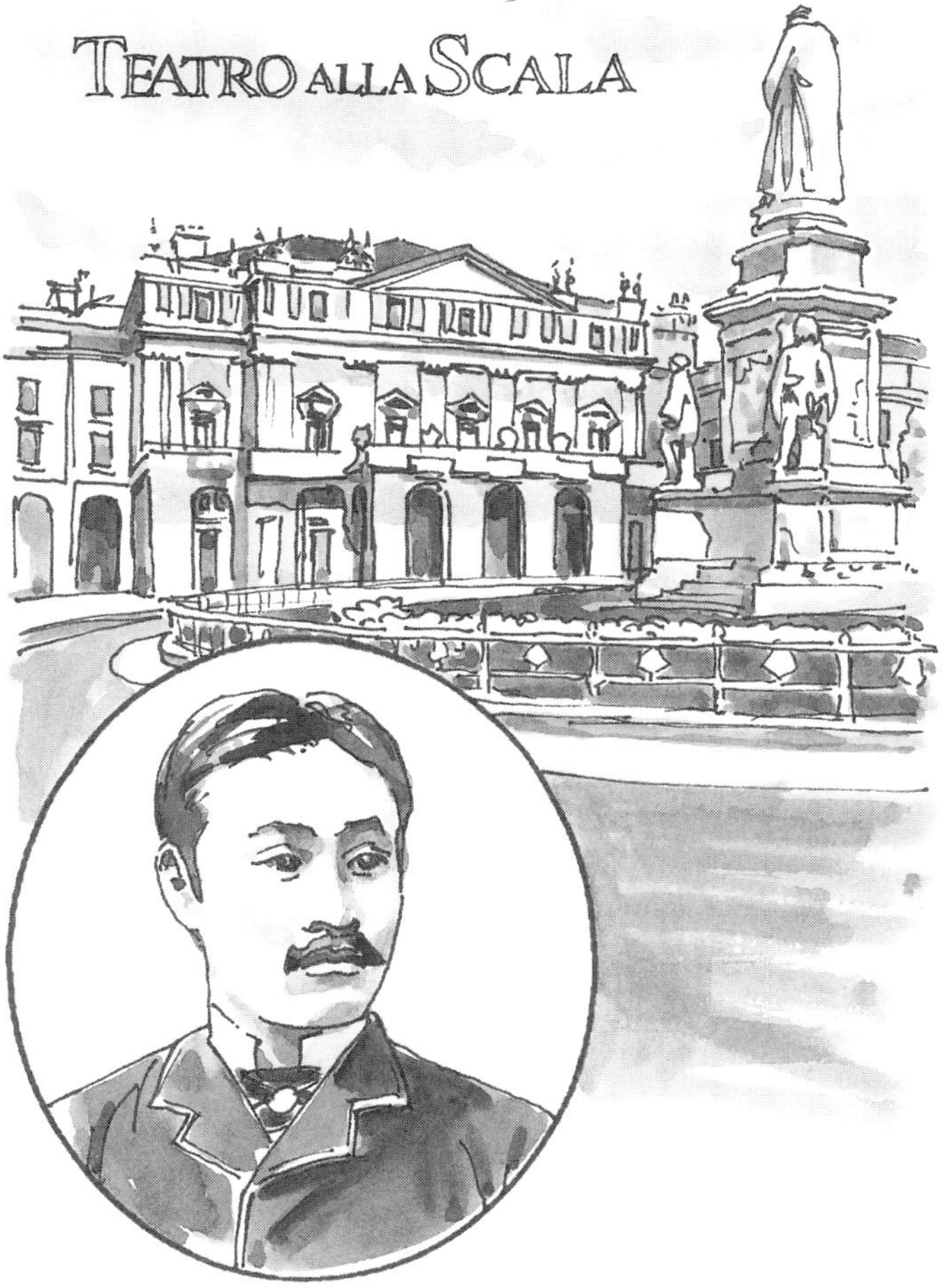

1　活路《かつろ》

いっぽう、島村勧業会社《しまむらかんぎょう》は、明治《めいじ》一一年、東京の京橋日吉町《きょうばしひよしちょう》（今の銀座《ぎんざ》八丁目）に二階だての洋館を購入《こうにゅう》し、出張所《しゅっちょうじょ》をつくった。

今までは、蚕種《さんしゅ》を横浜《よこはま》で売込商《うりこみしょう》から外国商人をとおして輸出《ゆしゅつ》していたが、出張所に外国商人をまねき直接《ちょくせつ》売ることにしたのである。

島村で蚕種をつくる人は、会社設立《せつりつ》のときの一八〇人から明治一〇年には二五〇人にふえていた。全村の約八〇パーセントである。

しかしヨーロッパでは、微粒子病《びりゅうしびょう》のない蚕種がつくれるようになったうえ、日本の蚕種の粗製《そせい》濫造《らんぞう》もあって、蚕種の値段《ねだん》は平均《へいきん》一円七〇銭にさがってしまった。

それでも繭《まゆ》で売るより、同じ重さの繭から蚕種をつくると五倍《ばい》ちかい収入《しゅうにゅう》があったという。

政府《せいふ》は、おおすぎる蚕種の調整《ちょうせい》のため、明治七年の焼《や》き捨《す》てにつづき一〇年、一一年と蚕種を横浜《よこはま》で竹べらですりつぶした。

島村の蚕種づくりの人たちは、これらに抵抗《ていこう》して焼《や》き捨《す》てもすりつぶしもせず、市場《しじょう》を開拓《かいたく》することに目をむけたのである。

出張所は成功《せいこう》し、一年目は二円二〇銭で七万二千枚《まい》すべてを売りさばくことができた。

しかし、二年目は七万七千枚のうち、二万三千枚しか売れない。のこりの五万四千枚をどうするか、現在社長の城吉《じょうきち》や恭平《きょうへい》、清作《せいさく》ら役員が相談《そうだん》して、会社の総《そう》会《かい》にかけることになった。

総会《そうかい》は一一月なかば、島村小学校でひらかれた。

壮太郎《そうたろう》は、検査員《けんさいん》として出席した。

村の人たちは、仕事着や着物《きもの》の人がほとんどだったが、横浜へ行ったことのある人のなかには、洋服の上に羽織《はおり》をきたり、着物に革靴《かわぐつ》をはいた人などもいる。

城吉が、あごひげをなでてから口をひらいた。

「去年の蚕種は、日吉出張所《ひよししゅっちょうじょ》ですべて売れたのですが、今年は七万七千枚のうち五万四千枚売れのこってしまいました。これをどうしたらいいでしょうか。会社は二円以下《いか》では売りたくないのですが」

「わしらは、蚕種だけでくらしているんで、三分の一も売れないんでは食べていけません。安くても売ってもらわんと」

仕事着をきた中年《ちゅうねん》の男が、目をむいて言った。

「そうとも。地主《じぬし》さまとちがいわしらはたくわえはなし、金がはいらなかったら来年の蚕種《さんしゅ》づくりの準備《じゅんび》もできやしません」

べつの男も顔をしかめて言う。

「いくらでもいいから売ってしまえ！」

あらい言葉もとんできた。

「いやいや、はやまるでないわ。国中の農家が不景気《ふけいき》なときに島村が蚕種づくりをつづけられたのは、会社の信用があってのこと。日本一の島村の蚕種を安売りなどしたら、がっくり信用をおとして二度とたちあがれませんよ。それに今は一一月、蚕《かいこ》の掃立《はきた》ては来年の五月、その間に売ればいいからあわてんほうがいい」

いまだにちょんまげをゆっている村の長老《ちょうろう》で会社役員の権兵衛《ごんべえ》が、眉《まゆ》をつりあげて言った。

「そうだ。外国商人はわしらがなげるのを待ちかまえているんだ」

「そうとも。安売りはもうすこし待った方がいい」

権兵衛に賛成《さんせい》の意見もつづいた。

「いや、金をはやくもらいたい」

「食べて行く金がほしい。売ってくれ！」

「安売りするな！」

ふたつの意見が対立して、会場は騒然《そうぜん》となった。

そのとき、壮太郎《そうたろう》がさっとたちあがり、よくとおる声で言った。

「この際《さい》おもいきって、イタリアまで蚕種を売りに行ってはどうでしょう。いままでは中間《ちゅうかん》で売込商《うりこみしょう》や外国商人にもうけられていたんですから、直接《ちょくせつ》売りに行ったらいい値《ね》で売れるんではないでしょうか。直輸出《ちょくゆしゅつ》というそうですが」

場内《じょうない》がどよめいた。

「伊勢参《いせまい》りでさえ水杯《みずさかずき》をかわすというのに、イタリアだなんて」

「だいいち会社にそんな金があるかや」

「いや、わしは賛成《さんせい》だな。島村の蚕種は信用があるから大丈夫《だいじょうぶ》よ」

「横浜でも東京でも売れないいんでは、売りに行くよりほかなかんべ」

賛成の声がたかまってきた。

壮太郎は熱心につづけた。

「社長からききましたが、直輸出の構想《こうそう》は、四年まえ大蔵省《おおくらしょう》の役人だった渋沢栄一《しぶさわえいいち》さんが、政府《せいふ》に直輸出を援助《えんじょ》するよう意見書をだしています。これは採用《さいよう》されませんでしたが、秋田《あきた》の蚕種組合の川尻組《かわじりぐみ》は実行しましたし、役員の間ではなんども話題《わだい》になっていたそうです。このさい、イタリアへ直輸出《ちょくゆしゅつ》するよりほかないとおもいます」

みんなは、しーんとしてきいった。

「壮太郎《そうたろう》さん、よく言ってくれました。わたしは賛成《さんせい》です。イタリアへ直輸出するのが一番いいとおもいますよ」

城吉《じょうきち》が顔をほころばせて言った。

「イタリアへ行くのに、なん日かかりますか?」

「船で二か月みれば十分でしょう」

「費用《ひよう》は、どうします?」

そのとき、恭平《きょうへい》がおもむろに口をひらいた。

恭平は三六歳《さい》で、今は戸長《こちょう》をしている。

恭平の養子《ようし》は、三井物産《みついぶっさん》の大番頭井上男爵《おおばんとういのうえだんしゃく》の娘《むすめ》を妻《つま》にしていた。

「話がきまれば、わたしが三井《みつい》に話してみましょう。会社をたてるときも三井銀行《みついぎんこう》から金をかりましたし、三井物産会社は、外国にいくつも支店をだしていろいろな商売をしているから、島村の援助《えんじょ》もしてくれるとおもいますよ」

「三井がついていれば、直輸出とやらをやれるんじゃなかんべか」

賛成《さんせい》の声がおおかったが、売れなかったらなお困《こま》るという反対の意見もあった。

しかし島村《しまむら》の蚕種《さんしゅ》は信用があり、中間で外国商人にもうけられているのだから、直輸出したらまた蚕種の将来《しょうらい》が開けるだろうという意見にまとまった。

「ではみなさん、イタリアへ直輸出することにきめていいですね」

城吉《じょうきち》の声に、われるような拍手《はくしゅ》が会場にひびきわたった。

総会《そうかい》のあと、恭平が、三井物産会社にたのんだところ快《こころよ》く援助《えんじょ》してくれることになった。イタリアのミラノに店を開き、直輸出の代表者《だいひょうしゃ》の旅費《りょひ》や生活費をたてかえ、通訳《つうやく》と販売《はんばい》をかねた三井の社員を同行させるという。

直輸出に行く代表者は、選挙《せんきょ》で恭平が当選した。

恭平が相談役《そうだんやく》をほしいと言い、会社の会計をしている経理《けいり》にあかるい壮太郎の父弥吉《やきち》がえらばれた。弥吉は四三歳である。

また社長で蚕種づくりの指導者《しどうしゃ》の城吉が、外国の養蚕《ようさん》を視察《しさつ》できる絶好《ぜっこう》の機会《きかい》と希望《きぼう》してみとめられた。城吉は五七歳であった。

こうして、三人が三井物産会社の援助のもと、直輸出の担当《たんとう》としてイタリアに行くことになった。

壮太郎は、日記に、

「わが社の洋行は、われわれの幸福《こうふく》のみでなく日本蚕種輸出の一大変革《へんかく》である。年ねんイタリアからくる邪悪《じゃあく》な商人を駆逐《くちく》して商業日本を回復《かいふく》する基本《きほん》であり、じつに愉快《ゆかい》なことである。私《わたし》も気をひきしめてよい蚕種《さんしゅ》をつくろう!」

と、よろこびをしるした。

2 イタリアへ蚕種を売りに

明治《めいじ》一二年(一八七九)一二月はじめ。

恭平《きょうへい》、弥吉《やきち》、城吉《じょうきち》は、新地《しんち》の稲荷神社《いなりじんじゃ》で島村《しまむら》小学校生徒の祝辞《しゅくじ》をうけ、村中の人に見送られて島村をたった。

東京《とうきょう》の日吉《ひよし》出張所によった一行を、群馬県令《ぐんまけんれい》(知事《ちじ》)香取素彦《かとりもとひこ》が、新橋《しんばし》の料亭《りょうてい》花月楼《かげつろう》にまねいて激励《げきれい》してくれた。

横浜《よこはま》では、親戚《しんせき》や知人五〇人ほどが送別会をひらく。

あくる朝、三人と三井物産《みついぶっさん》会社の社員ひとりは、アメリカの飛脚船《ひきゃくせん》ベルジック号でイタリアにむけて出航《しゅっこう》した。

「なんと三人と通訳《つうやく》は、一七人しかいない上等客で、料金は下等客一五〇人の五倍だとよ」

「まるで大名《だいみょう》の旅行のようじゃ」

「大金《たいきん》かけてうまく売れればいいが……」

客の接待《せったい》に走りまわっている壮太郎《そうたろう》に、見送りをする人たちのこんなささやきがきこえた。

島村に帰った壮太郎は、父の洋行の支度《したく》金や送別会の費用《ひよう》など支出《ししゅつ》がおおく、ゆとりのない家計がさらにきびしくなっていることに冷《ひ》や汗《あせ》が流れるおもいがした。

直輸出《ちょくゆしゅつ》の一行《いっこう》は、太平洋《たいへいよう》を横断《おうだん》してアメリカまわりでフランスに行き、三井物産のパリ支店で直輸出の打ち合わせをした。

イタリアのミラノについたのは、島村をたってから二か月後である。

ミラノは、イタリアの北の端《はし》にありローマにつぐ大都市で、絹織物関係《きぬおりものかんけい》ではイタリア第一の都市であった。

すでに蚕種の販売店《はんばいてん》が用意され、別送《べっそう》した蚕種もついており、新聞広告《しんぶんこうこく》もすんでいてすぐ開店できた。

蚕種は、はじめ順調《じゅんちょう》に売れていた。

値段《ねだん》は、百枚以上《いじょう》は一枚《まい》七フラン（約二円）、それ以下《いか》は七フラン半（約二円一五銭《せん》）ときめていたが、ねぎる人がおおかった。

あるイタリア商人は、

「三百枚《まい》買うから六・五フランにしなさい」

と、しつこく食いさがったが、きっぱりことわった。

あくる日、その商人が足早にやってきて七フランで買って行った。

また千枚買うから六フランにしてくれという商人に、六・五フランなら売ると言ったが、二度と買いにこなかった。

「おしかった……」

「いや、島村《しまむら》の蚕種《さんしゅ》を安売《やすう》りはできん」

しかし、五月になれば蚕《かいこ》が卵からかえってしまうので、四月半ばには四フランで売った。五月にはいり蚕種が青みがかってきたが、四フラン以下《いか》では売らなかった。

ある晩《ばん》三人の宿《やど》に、秋田《あきた》の川尻組《かわじりぐみ》の三原治《みはらおさむ》という若《わか》い男が、黄金色《こがねいろ》の器械《きかい》をかかえてたずねてきた。三原《みはら》は、口ひげのない面長《おもなが》の男で蚕種を売るかたわらミラノのインターナショナル（国際《こくさい》学校）に留学《りゅうがく》している。

「ごらんなさい。これが微粒子病《びりゅうしびょう》をみる顕微鏡《けんびきょう》という器械《きかい》ですよ」

三人は目をみはった。

3　イタリア直輸出

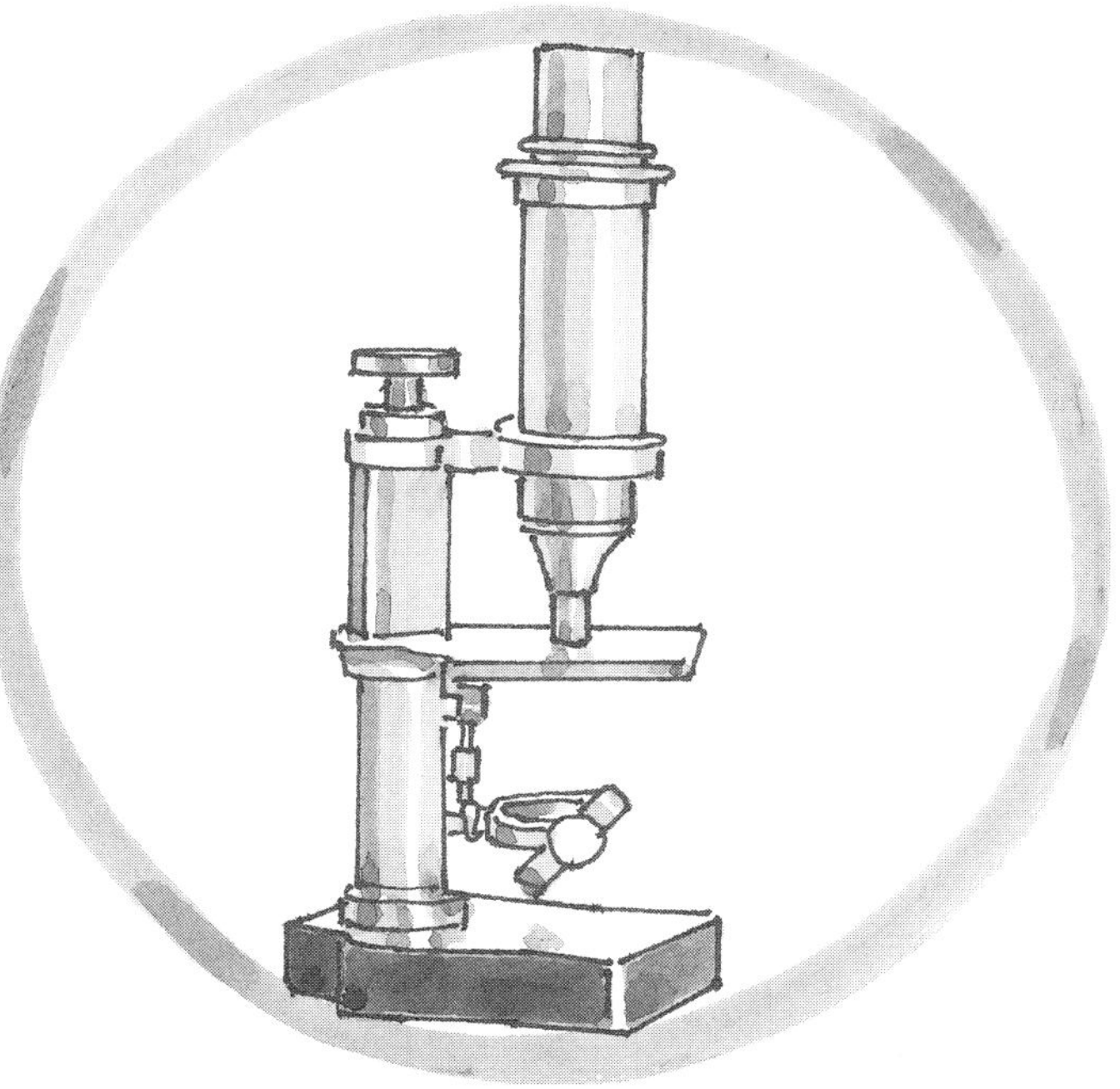

それは、たかさ七寸《すん》（約二一センチ）ばかりの単純《たんじゅん》な器械《きかい》で、黒い台に立った黄金色《こがねいろ》の支柱《しちゅう》が、支柱に平行の黄金色の鏡筒《きょうとう》と標本《ひょうほん》をのせる板、その下の反射鏡《はんしゃきょう》をささえている。鏡筒の上のレンズから標本《ひょうほん》をのぞくと、標本が六百倍の大きさに見えるという。

「えっ、これでほんとに微粒子病《びりゅうしびょう》が見えるんですか？」

「噂《うわさ》にきいた顕微鏡《けんびきょう》というのがこれですか！」

三人はくいいるようにみつめていたが、

「とてもしんじられん」

と、口をそろえて言った。

三原《みはら》の話では、フランスの化学者パスツールが、顕微鏡で微粒子病の原因《げんいん》をつきとめ病気のない蚕種《さんしゅ》をつくることに成功《せいこう》したという。

「ヨーロッパでは三〇年間病気の原因《げんいん》がわからず、外国から蚕種を買わなければならなかったのですが、それをこの器械が解決《かいけつ》したんですよ」

三原は、とくいそうに言った。

「そんなことを言って、日本の蚕種を買いたたこうっていうんじゃないのか」

三人は、顕微鏡をうたがわしそうにみつめるばかりである。

三原は苦笑《くしょう》して、顕微鏡をもち帰った。

そこへ知人のイタリア商人がきて顕微鏡の話になった。商人の娘は顕微鏡で微粒子病の検査《けんさ》をしているという。

「それではほんとに微粒子病が見えるんですか！」

「ええ。検査をして病気のある蚕種は捨《す》て、病気のない蚕種だけをつかうのです。島村の蚕種もしらべてあげましょうか」

三人は、どっきりしておもわず顔をみあわせ相談《そうだん》して返事《へんじ》をすることにした。

その晩《ばん》、

「せっかくの機会《きかい》だからしらべてもらいますか。島村の蚕種に病気がないとわかればぐっと評判《ひょうばん》もよくなるでしょうね」

と、若《わか》い恭平《きょうへい》が、いきおいこんで言った。

「いや、病気が見つかったら島村の蚕種は売れなくなりますよ」

と、弥吉《やきち》が、むずかしい顔をして言う。

うでぐみをしてかんがえていた城吉《じょうきち》が、

「今回は、やめた方が無難《ぶなん》じゃないのか」

と言い、恭平も弥吉もうなずいた。

「ありがたいお話ですが、島村の蚕種は微粒子病などありませんから……」

と、城吉《じょうきち》がことわった。

いっぽう島村《しまむら》では、壮太郎《そうたろう》が、直輸出《ちょくゆしゅつ》の報告《ほうこく》を、会社の役員の家にききにいっては、ちかくの社員に話してまわった。

また製糸場《せいしじょう》の仕事にせいをだしながら、二か月ちかくかかってとどく父の手紙を指《ゆび》おりかぞえてまち、日記に「父の洋行なん日目」と書きつづけた。

顕微鏡《けんびきょう》を見たという話にはおどろき、自分もぜひ見たいとおもい、微粒子病検査《びりゅうしびょうけんさ》をしてもらわなかったのは残念《ざんねん》でならなかった。

父の便《たよ》りをまつばかりでなく、壮太郎《そうたろう》も会社や自宅の様子《ようす》をなん度も父にかきおくった。

五月半《なか》ば、イタリアでは売れない蚕種《さんしゅ》がすべてまっ黒なケゴになってしまった。

「ああ、みるもおそろしい」

三人は目をおおい、それらを焼き捨《す》てて商売《しょうばい》をおえた。

それから、三人はイタリア各地を見学《けんがく》した。

ある日トリノの博物館《はくぶつかん》へ行った。

トリノもミラノと同じに絹織物業《きぬおりものぎょう》がさかんな都市で、イタリアの蚕《かいこ》と繭《まゆ》の標本《ひょうほん》があったが、日本のものより蚕も繭も小さい。

「弥吉《やきち》さん、いつか飼《か》ったイタリアの蚕は、大きかったのにねえ」

と、城吉が言った。

「そうでした。あの時はまけたとおもったが、この標本《ひょうほん》を見るかぎり島村のほうがいいですね」

「蚕種の輸出は、まだまだつづけられるさ」

口をそろえて言った三人は、生糸《きいと》と織物を見て息《いき》をのんだ。

とくに製糸場をもっている弥吉は、くいいるように生糸を見た。

色つやといいそろった太さといい、すばらしい品である。

また、多彩《たさい》にそめわけられた絹《きぬ》織物も、日本製品より色も柄《がら》もあざやかだった。

それから、イタリアの養蚕《ようさん》を見てまわった。

城吉は、イタリア産の蚕種をつかっている地方がふえたが、蚕が病気にかかりやすいので、まだ日本蚕種を売りこむ余地《よち》があるだろうと言った。

恭平と弥吉は、煉瓦《れんが》づくりの蚕室がどれもしめきってあるけれど、蚕に影響《えいきょう》がないのかと気になった。

また蚕かごにのせる蚕がおおすぎるうえに、島村では一日二回とりのぞく蚕糞《さんぷん》もつもっているのを見て幼稚《ようち》だといい、日本の養蚕に自信《じしん》をふかめた。

ある日、蚕種《さんしゅ》を買ってくれたマッツオッキという、栗色《くりいろ》の髪《かみ》をした蚕種商人が、田舎《いなか》の生家《せいか》に三人を招待《しょうたい》してくれた。マッツオッキは、一五回も日本にきており、蚕種の輸入《ゆにゅう》できずいた資産《しさん》で福祉事業《ふくしじぎょう》に貢献《こうけん》し、大きな老人《ろうじん》ホームなどを建てていた。

三人が、マッツオッキの生家につくと、はじめてきた日本人をひと目見ようと、沿道《えんどう》に村人が大ぜいつめかけていた。

「島村《しまむら》に、外人がきたときとすっかり同じだ」

と、三人は苦笑《くしょう》した。

家のまわりに、日本からもってきたというシノ竹があり、自宅の地下室でつくったというブドウ酒をふるまってくれた。

二階は蚕室《さんしつ》で、やしきのなかに製糸工場《せいしこうじょう》があったが、弥吉《やきち》のものよりずっと規模《きぼ》が大きく、生《き》糸《いと》も上質だった。

帰るときは、マッツオッキの一族《ぞく》が、そろって見送ってくれた。

日曜日には、三人は自費《じひ》で案内人《あんないにん》をたのみミラノ市内を見物した。

また自分の小遣《こづか》いで、いくつもの背広《せびろ》や靴《くつ》、帽子《ぼうし》などをつくり、時計《とけい》や指輪《ゆびわ》なども買った。

明治《めいじ》一三年五月末、三人は帰国の途《と》についた。

いっぽう、島村では、蚕種を輸出《ゆしゅつ》した人たちが、蚕種代金をまちかねていた。

六月初め、壮太郎《そうたろう》が、会社の代理人《だいりにん》として東京《とうきょう》の三井物産会社《みついぶっさんがいしゃ》に行き、イタリアからおくられた分の蚕種代金の為替《かわせ》をうけとり、また三井から多少の借金《しゃっきん》をして当座《とうざ》をしのぐことになった。

本庄《ほんじょう》から馬車《ばしゃ》で東京《とうきょう》にむかった壮太郎は、途中《とちゅう》、馬車が小橋から川に転落《てんらく》する災難《さいなん》にあった。

あくる日、三井にいき、為替《かわせ》代金四千三百円と島村勧業《しまむらかんぎょう》会社の社長清作《せいさく》の公債証書《こうさいしょうしょ》を抵当《ていとう》にして千二百円借《か》りる。

持ちつけない大金《たいきん》をふところに、壮太郎は、冷《ひ》や汗《あせ》をかきながらまた馬車にのり三日がかりでぶじ島村にもどった。

恭平《きょうへい》ら直輸出《ちょくゆしゅつ》の一行《いっこう》は、スエズ運河《うんが》、インド洋をとおり七月なかば、七か月ぶりに横浜《よこはま》についた。群馬《ぐんま》県人で世界一周をした最初の人たちである。

直輸出の売上げは、蚕種約五万四千枚《まい》のうち約三万枚で、一枚の値段《ねだん》は、平均《へいきん》六・二フラン（約一円七八銭《せん》）、蚕種の安い時に成功《せいこう》であった。

出荷《しゅっか》した人たちには、直輸出の費用と三井物産の手数料《てすうりょう》をひいたあと、蚕種一枚あたり五三銭《せん》を分配《ぶんぱい》した。

3　反対者たちと二回目の直輸出《ちょくゆしゅつ》

直輸出の一行が島村《しまむら》に帰り、会社ではことしも蚕種《さんしゅ》の直輸出がきまった。

しかし九月、社員数十人が直輸出に反対して、東京《とうきょう》の日吉《ひよし》出張所で売るように社長の城吉《じょうきち》になんども交渉《こうしょう》をせまるさわぎがおこった。

島村の大きな蚕種業者は、国内売りの得意先《とくいさき》をもっていたが、大多数《だいたすう》の人たちは国内売りはなく、輸出だけをたよっていた。

壮太郎《そうたろう》は、直輸出反対の友人や知人をたずねてくりかえし説得《せっとく》したが意見《いけん》をかえさせることはできない。

船頭《せんどう》をやめて蚕種《さんしゅ》をつくるようになった太吉《たきち》も、反対していた。

壮太郎は、太吉の家に話し合いに行った。

「こんにちは。太吉さんいますか」

板ぶきの家の玄関《げんかん》の板戸《いたど》をガタピシとあけると、土間《どま》の天井《てんじょう》が物置《ものおき》がわりで、竹や板をわたして蚕《かいこ》の道具が山積みされている。

「おいでなさいまし。こんなところであいすみません」

やつれた顔をした太吉の妻《つま》が、あがりはなにざぶとんをしいた。

昼寝《ひるね》をしていたらしい太吉が、すばやくでてきて、

「壮太郎さん、わざわざうちまできてくだすって」

と、ていねいに頭をさげた。

「じつは、直輸出の反対さわぎには、社長はじめみんなこまっていましてね。太吉さん、なんとかかんがえなおしてくれませんか」

壮太郎は、じっと太吉の目を見て言った。

太吉は、日焼《ひや》けした顔をそむけ厚《あつ》いくちびるをゆがめた。

「いつもお世話《せわ》になっている壮太郎さんには言いにくいが、これぱっかりはねえ……」

「太吉さんもしってのとおり、蚕種はイタリアで病気のないものができたうえに、日本ではわるい品がふえて輸出はむずかしくなるばかりです。蚕種は直輸出するほか生きのこれないとおもいますよ」

「直輸出もけっこうですがね。まるでお祭《まつり》さわぎじゃないですか。ずいぶん金もかかっているんで

しょ」

「いや、会社の金は実費《じっぴ》だけで、あとはみんな自分もちですよ。家でも、父の洋行にはかかりが大へんでしてね」

壮太郎《そうたろう》は、家計《かけい》の苦しさをおもいうかべ汗《あせ》がにじんだ。

「たしかに直輸出《ちょくゆしゅつ》で売ってもらうのはありがたいがねえ、金がはいるまでずいぶんかかりますさあね。そのあいだ食べていかにゃならんですよ。蚕種《さんしゅ》づくりの準備金《じゅんびきん》もいる。東京《とうきょう》か横浜《よこはま》ならすぐ金になるし、横浜だったら売込商《うりこみしょう》が代金の一部をその場でたてかえてくれる。たすかるんですよ」

「たしかに、それはありますね」

「お宅《たく》なんかは、半年さきでも値《ね》のいい方がいいでしょうが」

「いや、うちでも人手間《ひとでま》をはらうのに四苦八苦《しっくはっく》ですよ。でも蚕種の将来《しょうらい》をかんがえますとね、直輸出したらまだまだ蚕種づくりがつづけられるとおもうんです。ここが辛抱《しんぼう》のしどころじゃないですか」

おかみさんが、おそるおそる番茶《ばんちゃ》をすすめた。

「できりゃその方がいいが、わしら貧乏人《びんぼうにん》は食べることの方がさきなんですよ。壮太郎さんに言われてもこればっかりは……」

壮太郎は、足どりもおもく太吉《たきち》の家をでた。

（太吉さんの言い分ももっともだ。かといって直輸出のほかどんな方法があるというんだろう）

反対者の気持もわかるだけに、壮太郎は気分がふさいだ。

家に帰ると、六歳の栄太郎《えいたろう》が、コマをもってぼんやりしている。

顔があかい。

「栄太郎、どうした」

額《ひたい》にさわってみると、やけるようにあつかった。

「ゆり！　栄太郎は熱《ねつ》があるぞ」

壮太郎の大きな声に、ゆりがあわててとんできた。

「気がつきませんでした。すみません」

「寝冷《ねび》えさせたんだろう。気をつけろ！」

壮太郎は、製糸業《せいしぎょう》もおもわしくなかったり、心にもやもやをかかえているときなど、つい、ゆりにあらい言葉をはいてしまう。

このさわぎは、壮太郎が文書をつくり清作《せいさく》が県庁《けんちょう》に陳情《ちんじょう》して反対者を説得《せっとく》してもらい解決《かいけつ》した。

その後、直輸出の話はすすんだ。

代表者は、やはり選挙《せんきょ》で清作と弥吉《やきち》がえらばれた。

一一月はじめ、清作、弥吉と見送りの八人、蚕種の護送人《ごそうにん》一〇人は、おおぜいの村人に見送られて島村《しまむら》をたち、あくる日横浜《よこはま》についた。

そのとたん、護送人《ごそうにん》たちが直輸出《ちょくゆしゅつ》に反対して旅館《りょかん》ですわりこんだ。

「わしらはどうしても直輸出には賛成できません！」

「いまさらなに言うんですか。総会《そうかい》ではっきりきまったことを！」

「そんな無茶《むちゃ》な話はききません」

「わしらがいくら反対しても、島村ではおしきられたんだから、土壇場《どたんば》でふんばるよりほかないんです」

と、反対者たちは、けわしい顔で言う。

直輸出賛成者《さんせいしゃ》と反対者《はんたいしゃ》たちは、同じ旅館の一階と二階にわかれて泊《と》まり、話しあったが結論《けつろん》がでない。

清作《せいさく》は、かんがえあぐねた末ひとつの提案《ていあん》をした。直輸出の蚕種五万六千四百枚《まい》を、横浜でまとめて買ってくれる外国商人があれば売り、なければ直輸出するというのである。

反対者も承知《しょうち》したが、まとめ買いする外国商人がいない。

出航《しゅっこう》の日はちかづく。清作の頬《ほほ》はこけ、弥吉《やきち》の目はくぼんだ。

島村でこの話をきいた壮太郎《そうたろう》は、仕事が手につかず、島村から約二里《り》（八キロ）の道を本庄《ほんじょう》まであるき、直輸出を強行《きょうこう》するよう清作に電信《でんしん》をうった。

二日目も三日目も、はや起きして本庄の電信局《でんしんきょく》にでかけた。

打開策《だかいさく》をねっているという返信が一度あった。

交渉《こうしょう》がはじまってから一〇日目、清作は、あらたな提案《ていあん》をする。

「反対者の蚕種《さんしゅ》一万八千枚を、直輸出賛成者が買いとり、内金《うちきん》として一枚一円をその場でわたし、残金《ざんきん》は来年四月に清算《せいさん》するというのはどうですか。われわれもこれ以上《いじょう》はゆずれません」

あくる日、この提案《ていあん》がうけいれられ争《あらそ》いはようやくおわった。

島村でこの話をきいた壮太郎は、ほっと胸《むね》をなでおろした。

内金《うちきん》は、群馬県新田郡藪塚村《ぐんまけんにったぐんやぶづかむら》（太田市《おおたし》）の出身《しゅっしん》で貿易商《ぼうえきしょう》の伏島近蔵《ふせじまちかぞう》に借《か》りて、反対者たちにわたした。

明治《めいじ》一三年一一月末、清作、弥吉《やきち》、三井物産《みついぶっさん》の社員は横浜を出航し、インド洋、スエズ運河《うんが》をとおって、あくる年の一月はじめイタリアのミラノについた。

一行がミラノにつく直前、明治五年から島村蚕種を八年あまりささえてきた島村勧業《しまむらかんぎょう》会社が解《かい》散《さん》した。

直輸出に反対して横浜売りを要求《ようきゅう》した人たちが中心になり、会社の総会《そうかい》にもちこみ、多数決で解散においこんだのである。

「ああ、日本第一、全村一致《ぜんそんいっち》の島村勧業《しまむらかんぎょう》会社が朝露《あさつゆ》のようにきえてしまった……」

壮太郎《そうたろう》は、うつむいてきいているゆりにむかってなげいた。

「しかしこのままでおくものか。また会社を再建《さいけん》するぞ」

「できますとも」

ゆりは、ぱっと顔をあげて言った。

一か月ほどたち、城吉《じょうきち》をはじめもとの会社の役員らが中心になって、希望者《きぼうしゃ》をつのり会社の再結成《さいけっせい》をはかった。

壮太郎《そうたろう》は、会社再建のために家の仕事をおいて、なんども城吉の家に足をはこび協力《きょうりょく》した。

やがて、社員の数はすくなくなったが、一五〇人ほどで島村勧業会社は再建した。


いっぽう、ミラノの店では商売がはじまっていた。

蚕種《さんしゅ》の値段《ねだん》は高く五〇枚以下は一六フラン（約四円六〇銭《せん》）、千枚以上は一二・五フラン（約三円六〇銭）ときめ、前回と同じに値下《ねさ》げはしなかった。

清作《せいさく》は、イタリアではしめきった部屋で蚕《かいこ》を飼《か》っていても害《がい》がないのか、と壮太郎にきかれていたので、去年と別の村に行ってみた。

やはり部屋はしめきってあったが、煉瓦《れんが》づくりでよくかわいておりり、あけひろげの島村と同じになっているのだろうとおもった。

弥吉《やきち》は、娘《むすめ》が顕微鏡《けんびきょう》検査《けんさ》をしているイタリア商人をたずね、顕微鏡をのぞかせてもらった。去年は顕微鏡の検査をことわったが、壮太郎に残念《ざんねん》だったといわれ気持が変わった。

金髪《きんぱつ》が波うつ、うつくしい娘は、にこやかに弥吉を迎《むか》えてくれた。

「どうぞ。蚕《かいこ》の蛾《が》をお見せしましょう。六百倍の顕微鏡ですから病気が見えるのですが、このところ病気のある蛾がないのです」

娘の言うとおり、弥吉は片目《かため》をつむってレンズをのぞいて見たが、いろいろな形や線がもつれあって見えるだけである。

「ほう、これで微粒子病《びりゅうしびょう》が見えるんですか！」

「そうなんですよ」

娘はほほえんだ。

（じつにおどろいた眼鏡《めがね》だ！　こんな小さい器械《きかい》でどうして六百倍に見えるのだろう）

と、弥吉はおどろきとまどうばかりだった。

清作は、ひざの下がはれて水がたまる病気にかかり入院して手術《しゅじゅつ》をうけた。

だれひとり言葉がわかる人のいない病室で、孤独《こどく》にたえた。

豪胆《ごうたん》な清作も、看護師《かんごし》がかざってくれたふじの花を見て、故郷《こきょう》や家族《かぞく》をなつかしみ、会社解散《かいさん》と再建《さいけん》の話をうれえた。そして、短歌をつくっては心をなぐさめていた。

明治《めいじ》一四年五月半《なか》ば、ふたりは商売をおえて帰国した。

今回は、蚕種《さんしゅ》五万六千四百枚《まい》のうち約三万五千枚が売れ、前回より成績《せいせき》がよかった。

蚕種一枚の値段《ねだん》は、平均一一・五フラン（約三円三〇銭《せん》）で、費用《ひよう》をさしひいて一枚あたり一円五三銭を分配《ぶんぱい》した。

4　壮太郎《そうたろう》イタリアへ

その年、明治一四年一一月はじめのある晩《ばん》、壮太郎の妹りょうが、五歳《さい》の長女をつれて実家《じっか》にきた。

いろりの火が母のしん、りょう親子、壮太郎、弟の成二《せいじ》、ふたりの男の子の顔をあかあかとてらしだしている。子守《こもり》の背中《せなか》では壮太郎の長女がねむっている。

父の弥吉《やきち》は、会社の総会《そうかい》に行ったが、壮太郎は検査員《けんさいん》をやめたので出席しなかった。

あたりに甘酒《あまざけ》のにおいがたちこめ、りょうの娘《むすめ》じまんがつづく。

「おりょうさん、甘酒いかが。おまんさんもいろりにあたってね」

ゆりが、白い粒《つぶ》つぶのういた甘酒をまんから受けとっていろりのわきにおいた。りょうは目をとじて甘酒をすすった。

「わあ、おいしい！　ねえさんの甘酒はひとあじちがうのよね。わたしなんか今でもおかあさんにつくってもらっているのに……。もう蚕種は安くてだめね。うちは蚕種はだんだんへらして、春と秋と晩秋《ばんしゅう》に蚕《かいこ》を飼《か》える糸繭《いとまゆ》にするんだって」

とたんに、しんの顔がけわしくなった。

「わたしは蚕種だけはやめないからね。この家から男衆《おとこしゅ》や女衆《おんなしゅ》の声がきこえなくなったら死んだほうがましだよ」

「蚕種をやめるもんですか！」

壮太郎の言葉に、しんは顔色をやわらげた。

「いま小さい蚕種づくりの家は大へんらしいのね。お金をかりにきたり、土地を買ってくれってきたりするの」

「いまはどこも大へんさ」

「土地は宝《たから》だよ。どんなことがあっても土地だけはてばなしちゃいけないよ」

「それにしても、島村《しまむら》の人たちはあたらしいものずきね。会社つくったり直輸出《ちょくゆしゅつ》したり。一一月には自由民権家《じゆうみんけんか》の板垣退助《いたがきたいすけ》をよんで演説会《えんぜつかい》をひらくんですって。政治《せいじ》運動は禁止《きんし》されているんでしょうに」

「不景気《ふけいき》な世の中だからこそ政治が大事なんだよ。恭平《きょうへい》さんが自由党員《じゆうとういん》だろう。そこで板垣《いたがき》を呼ぼうということになったが、公式には呼べないから島村へ狩《かり》にくるという名目《めいもく》にするのさ」

当時、薩摩《さつま》（鹿児島県《かごしまけん》）、長門《ながと》（山口県《やまぐちけん》）など一部の藩《はん》出身者による独裁《どくさい》政治を批判《ひはん》し、政府《せいふ》はひろく国民の意見を反映《はんえい》すべきだという自由民権運動《じゆうみんけんうんどう》がおこり、各地で演説会《えんぜつかい》などがおこなわれた。

しかし、政府は、この運動をきびしく弾圧《だんあつ》していた。

「政治なんてむずかしくて」

「いや、そんなことないよ。『国民の自由と権利《けんり》をまもるために国会をひらき、国民の代表をも政治に参加《さんか》させよ』と政府に要望《ようぼう》するのさ。われわれの意見をとりあげられるのでなかったら、封建《ほうけん》社会をたおした明治維新《めいじいしん》の意義《いぎ》がないじゃないか！」

「あら、そういうことなの。そんならわかる」

その時、高らかな詩吟《しぎん》の声がして弥吉《やきち》が帰ってきた。

どっかと腰《こし》をおろすなり、

「どうだ壮太郎《そうたろう》、イタリアへ行ってみないか」

と、壮太郎を見すえて言った。

「え！　イタリアへ！」

壮太郎は、おもわず体《からだ》をのりだした。

「総会《そうかい》でことしも直輸出がきまった。こんどは社員もへったし世界的に不況《ふきょう》だから、直輸出の蚕種もへらし代表者もひとりにすることになった。そこで白羽《しらは》の矢がたったのがおまえなのさ」

これまでの代表者は、イタリアに四か月ほど滞在《たいざい》して蚕種を売ったが、今回は三年間駐在《ちゅうざい》し商売と市場開拓《しじょうかいたく》をしながら、イタリア語や顕微鏡《けんびきょう》の使い方などいろいろ勉強《べんきょう》してよいという。

「それを、わたしに！」

壮太郎は、おもわず立ちあがり、口を一文字《いちもんじ》にむすんで天井《てんじょう》の一角《いっかく》をにらんだ。頬《ほほ》から目までまっ赤《か》になっている。

「まあ、どうして壮太郎が？」

しんが、うわずった声をあげた。

「壮太郎は会社の再建《さいけん》にも熱心《ねっしん》だったし、三井物産《みついぶっさん》から蚕種の為替代金《かわせだいきん》を無事《ぶじ》にもち帰ったこともある。地租改正《ちそかいせい》では骨《ほね》のあるところをみせた。なにより若《わか》いということでえらばれた」

「そうですか！」

「壮太郎は、背《せ》がたかくて体格《たいかく》もいいから、外国人の中にはいってもひけをとらないぞ。外国人は大きいからなあ、けおされるわい。わたしは大賛成《さんせい》だが、どうかな、おまえは」

「行きたいですとも！　仕事のほか勉強させてもらい、顕微鏡《けんびきょう》をこの目で見られるなんてまたとない機会《きかい》ですよ。ただ、みなさんの期待《きたい》どおり蚕種《さんしゅ》が売れるかどうか心配ですが……」

「そのことはみんなも承知《しょうち》している。駐在員《ちゅうざいいん》をおいても、それだけの利益《りえき》があがるかという意見もあった。しかし、前向きにやってみようということになった。三年間のイタリア駐在だ。十分に勉強してこい」

「わかりました。せいいっぱいやります！」

「うん。しんとゆりは、どうかな」

「本人がああいうんですから。反対してきくはずはないし」

しんは、じっと壮太郎《そうたろう》を見つめた。

「わたしも。どうぞおでかけになってください」

ゆりは、はっきり言ったが、笑顔《えがお》がくずれうつむいてしまった。

「にいさん、イタリアに行けるなんてすごいなあ」

成二《せいじ》が、目をかがやかせて言う。

「幸運児《こううんじ》ね、にいさんは。でも三年なんてねえさんがかわいそう」

と、りょうが言うと、ゆりは、目がしらをおさえ大きく首をふった。

5　孤軍奮闘《こぐんふんとう》

明治《めいじ》一四年一一月なかば。

壮太郎《そうたろう》は単身《たんしん》イタリアにむけ島村《しまむら》をたった。二七歳《さい》である。

横浜からインド洋、スエズ運河《うんが》をとおりあくる年一月はじめ、ミラノについた。

列車《れっしゃ》の駅から二頭立ての馬車《ばしゃ》にのり、ガス灯《とう》にてらされた石だたみの道を販売店《はんばいてん》にむかった。

道すがら、さっそうとした若者《わかもの》やゆったりしたお年寄《としよ》りの男女が、腕《うで》をくんであるいている姿《すがた》をしばしば見かけ、おどろかされた。

ふと、ゆりと腕《うで》をくむことを連想《れんそう》したが、（いや、とても）と首をふり苦笑《くしょう》した。

ミラノの販売店《はんばいてん》は、三階だての煉瓦《れんが》づくりの家がたちならぶ商店街にあった。一階は商店、二階三階は住居《じゅうきょ》になっている。

三井物産《みついぶっさん》会社の竹本陽一《たけもとよういち》と、社員ひとりが壮太郎を迎《むか》えた。

竹本《たけもと》は二五歳《さい》、童顔《どうがん》に片《かた》えくぼがあり通訳《つうやく》と販売をかねる。

蚕種《さんしゅ》二万八千枚《まい》は、もうついていた。

イタリアは、日本と反対に夏より冬のほうが雨がおおい。

空《から》っ風《かぜ》がふきすさびほこりがうずまく島村《しまむら》とちがい、ミラノは空気がしっとりして霧《きり》がふかかった。

あくる朝、壮太郎《そうたろう》が三階の下宿《げしゅく》の窓《まど》をあけると、とつじょアルプスのまっ白い山なみが目の前いっぱいにひらけた。

(すばらしい!)

壮太郎は、息《いき》をつめた。ふるさとの山やまの比《ひ》ではない。

しかし、つぎの瞬間《しゅんかん》不安《ふあん》がおそってきた。

(このスケールの大きいイタリアで、言葉もわからず島村しかしらないわたしに、三年間やっていけるだろうか?)

外国人にかこまれた二か月の旅《たび》で、東洋人《とうようじん》かという好奇《こうき》の目と、あるさげすみの目をなんどもかんじたことをおもい浮《う》かべ、いいしれぬ不安がおそってくる。

(いやいや、そんなことでどうする。わたしは、蚕種でしか生きられない会社の人たちの大きな期《き》待《たい》をせおっている。どれだけ仕事ができるかわからないが、せいいっぱいやってみよう)

壮太郎は、ふかく息《いき》をすいこんだ。

蚕種の値段《ねだん》は、百枚以下の小売りが一枚一〇フラン（約二円八七銭《せん》）、千枚以上七・五フラン（二円一五銭）ときめて、広告《こうこく》をだした。

しかし売れ行きはわるく、小売《こうり》の客がぼつぼつくるだけで、大売《おおうり》の買い手がない。

壮太郎は、去年とおととし直輸出《ちょくゆしゅつ》の蚕種を買ってくれた商人たちに売りこみにでかけた。

まず弥吉《やきち》たちを招待《しょうたい》してくれたマッツオッキを、通訳《つうやく》の竹本とみやげの扇子《せんす》をもってたずねた。

栗色《くりいろ》の髪《かみ》をしたマッツオッキは、

「弥吉さんのむすこさんですか。おみやげありがとう」

と、笑顔《えがお》で迎《むか》えてくれたが、商売の話になると顔をくもらせた。

「今年の分は、横浜《よこはま》で買いましたよ。そのほうが安くてね」

壮太郎は、体の力がぬけた。

他の商人にあたってみたが、国内産を買ったという。

がっかりしているところへ、サビオという商人が五フランで八千枚買いたいと言ってきた。

ついで、トリノの商人が五フランで四千枚買いたいと言う。

壮太郎は、こおどりしてどちらもとりにがすまいと、まずサビオに六フランで売ろうといったが

三、四日ぐずぐずしている。

トリノの商人からは、しきりに催促《さいそく》がきて五フラン以上《いじょう》では買いそうもない。壮太郎《そうたろう》は、おもいきって五フランに値下《ねさ》げして売った。

それからサビオにといあわせると、仲間《なかま》の相談《そうだん》がまとまらずみあわせるという。あとでサビオの計略《けいりゃく》だったときづき、じだんだをふんだが、それからの大売は五フランになってしまった。

ある日、壮太郎がひとりで店番をしていると、二、三枚《まい》の蚕種《さんしゅ》をもった男が、酒《さけ》のにおいをプンプンさせてとびこんできた。

きのう蚕種を買って行った農夫《のうふ》である。

「いらっしゃい。どうしましたか？」

壮太郎は、とまどいをかくしてきいた。農夫《のうふ》は、わめきながら蚕種をしきりにたたいている。壮太郎は、おもわずしりごみして農夫の口元を見つめたが、方言《ほうげん》まじりの早口でききとれない。

「金かえせ、金かえせ」

という言葉だけわかった。

「もうすこし、ゆっくりはなしてください」

と、くりかえし言ったが農夫はわめきつづけている。

そこに竹本《たけもと》が帰ってきたので、ほっとしてわけを話した。

「わかりました。まかせてください」

竹本が、なめらかなイタリア語で話しかけると、農夫はやっとおちついた。うなずいてきいていた竹本は、壮太郎に日本語で言った。

「日本の蚕種は上等だときいてわざわざ買いにきたが、顕微鏡《けんびきょう》の検査《けんさ》がしてないそうではないか。そんな蚕種は買えない。半値《はんね》にしてくれと言っています。どうしますか」

「日本の蚕種は顕微鏡の検査こそしてないが、病気につよいから心配ないといってくれ。二割なら値引《ねび》きしてもいいが、いやならひきとってくれ」

竹本が農夫に話すと、農夫はうたがわしそうにふたりを見くらべていたが、しぶしぶ何枚かの紙《し》幣《へい》をつかんで帰って行った。

「こまりましたねえ」

「うん。くやしいけどわれわれのまけだ。イタリアには微粒子病《びりゅうしびょう》のない蚕種ができているんだから」

壮太郎は、どんと椅子《いす》に腰《こし》をおろして頭をかかえた。

半信半疑《はんしんはんぎ》だった顕微鏡の存在《そんざい》が、うごかしがたい事実として日本の蚕種の上におもくのしかかっていることを、ひしひしとかんじた。

(これからどうしたらいいんだろう)

すると、竹本が片《かた》えくぼをつくってきがるにさそった。

「壮太郎《そうたろう》さん、スカラ座《ざ》へオペラを見に行きませんか」

「オペラ?」

「歌とおどりのお芝居《しばい》で、とってもたのしいですよ」

「そんな気分《きぶん》にはなれないよ」

壮太郎は、そくざにことわった。

「いや、気分転換《てんかん》にはもってこいです」

竹本《たけもと》は、にこやかにすすめた。

壮太郎は、しばらくかんがえてから言った。

「芝居は好きなほうなのさ。じゃ案内《あんない》してもらおうかな」

「いいですよ。わたしも見たいオペラをやっていますから」

数日後、壮太郎は、ミラノのスカラ座ではじめてオペラを見た。

スカラ座は、イタリアのみか世界最高のオペラの殿堂《でんどう》である。

演目《えんもく》は、ヴェルディの「アイーダ」であった。

エチオピアの王女で、敵国《てきこく》エジプトにとらわれ奴隷《どれい》となったアイーダと、エジプトの若《わか》き将軍《しょうぐん》の身分をこえた愛《あい》の物語である。

舞台《ぶたい》ははなやかな衣装《いしょう》の踊《おど》り子たちが、さまざまな音色《ねいろ》にあわせて歌いおどるかとおもうと、アイーダのせつない独唱《どくしょう》にかわった。

歌詞《かし》はまったくわからないが、壮太郎はたちまちオペラにひきこまれた。アイーダの孤独《こどく》と愛《あい》を、いつか自分とかさねあわせていた。

われるような拍手《はくしゅ》のなか、第四幕《まく》の幕が下《お》りたとき、壮太郎は心の闇《やみ》がおしやられ、あらたな意《い》欲《よく》がわきあがるのをかんじた。

「どうですか、オペラは？」

竹本が、顔をのぞきこんだ。

「すばらしい！　おかげで気がらくになった」

「それはよかったですね。壮太郎さんは、きっとオペラがわかるとおもいましたよ」

「ありがとう。楽しみができた」

壮太郎は、以前《いぜん》の直輸出《ちょくゆしゅつ》の人たちのように、イタリア見物をするゆとりも金もなかったが、それ以後、月二、三回オペラ鑑賞《かんしょう》にでかけた。

それから念願《ねんがん》の顕微鏡《けんびきょう》を見たくて、父の弥吉《やきち》が顕微鏡をのぞかせてもらった娘《むすめ》に連絡《れんらく》したが、娘は結婚して家にいなかった。

そこで、弥吉たちに顕微鏡を見せてくれた三原治《みはらおさむ》に手紙をかくと、顕微鏡を見せるほか、留学《りゅうがく》しているイタリアのインターナショナル（国際学校）を案内《あんない》してくれるという。壮太郎はよろこびいさんで日曜日に案内《あんない》してもらった。

トリノにある学校は、ビルのような校舎《こうしゃ》で、世界各国からあつまった学生たちが、語学をはじめ西洋の学問など多方面にわたりまなんでいた。日本人の学生七人は、実業家《じつぎょうか》の子弟《してい》や会社の派遣《はけん》社員等でみな優秀《ゆうしゅう》であるという。

壮太郎《そうたろう》は心をうごかされ、自分もこんな学校でぜひまなびたいものと希望《きぼう》に胸《むね》をふくらませた。

そのあと、三原《みはら》の知人《ちじん》の蚕種《さんしゅ》商人の家で顕微鏡《けんびきょう》を見せてもらった。

「これが、顕微鏡ですか！」

壮太郎は、胸《むね》をたかぶらせてそばにかけよった。

七寸《すん》（約二一センチ）ばかりの器械《きかい》は、おもおもしく存在感《そんざいかん》があり、気品《きひん》さえかんじられる。

「ゆっくりごらんなさい。日曜日なので病気は見られませんが」

赤ら顔の蚕種商人はひくい声でいった。

「こんな小さい器械で、微粒子病がほんとうに見えるんですか？」

「そうですよ」

そっと顕微鏡にさわると、つめたい感触《かんしょく》が体中につたわった。

壮太郎はミラノに帰ると、顕微鏡を見たこと、蚕種の販売がおわったらインターナショナルでまなびたいと、家にも会社にも手紙をかいた。

蚕種の売れ行きは、二月三月になっても商人のまとめ買いはすくなく、農民が自家用を買いにくるのがほとんどだった。

数人がつづけて買いにきてよろこんでいると、ぴたっと足がとまり潮《しお》の満《み》ち干《ひ》のようである。

壮太郎はどんな客もみのがさず、かならず売りつけようと熱心にすすめたり値引《ねび》きしたりした。

三月末に、アンダラオッシという、マッツオッキと同じ蚕種の豪商《ごうしょう》に大売りがあり、ほっと息《いき》をついた。

結局《けっきょく》、二万八千枚《まい》のうち二万三千枚が売れた。八二パーセントの売れゆきで、比率《ひりつ》の上ではいままでの直輸出《ちょくゆしゅつ》のなかで一番よい。

しかし値段《ねだん》はさがってしまい、一枚平均四・八フラン（約一円三八銭《せん》）で、費用《ひよう》をさしひいて一枚あたり九一銭《せん》を分配《ぶんぱい》した。

直輸出がおわった五月、島村勧業会社《しまむらかんぎょうかいしゃ》のたのみの綱《つな》だった三井物産会社《みついぶっさんがいしゃ》が、援助《えんじょ》をうちきると通告《つうこく》してきた。直輸出の人たちの旅費《りょひ》をたてかえ、店をひらき、通訳《つうやく》までつけてくれた三井は、「別《べつ》段利益《だんりえき》がない以上、援助を中止する」と、手をひいたのである。

明治《めいじ》一四年以後、世界的な不景気《ふけいき》にみまわれ、生糸《きいと》の値段《ねだん》もさがり、日本の輸出産業が打撃《だげき》をうけて三井も輸出部門を縮小《しゅくしょう》した。

そこで四回目の直輸出《ちょくゆしゅつ》は、壮太郎《そうたろう》がひとりでやることになった。

「三井《みつい》の援助《えんじょ》なしでどれだけやれるだろう。しかしやるしかない！」

壮太郎は、決意《けつい》をあらたにした。

6 イタリアからの手紙

壮太郎は、直輸出をおえてからインターナショナルに入学し、イタリア語や西洋の学問、農業経営《けいえい》などをまなんだ。

そして七月、校長や名誉《めいよ》教授《きょうじゅ》らによる審査委員会《しんさいいんかい》でみとめられ、「特別コースの留学生《りゅうがくせい》タジマソウタロウは、徳《とく》と学習の増進《ぞうしん》において賞賛《しょうさん》に値《あたい》する」という賞状《しょうじょう》をもらった。

その後も、主婦がイタリア語の教師をしている家に下宿《げしゅく》してイタリア語を身につけた。

八月のミラノはむしあつく、夜の八時から九時ごろまであかるい。

壮太郎は、来年の蚕種《さんしゅ》の予約《よやく》をとろうと蚕種商人をたずねてまわったが、みな避暑《ひしょ》にでかけて留《る》守《す》である。

ある日、三月に大売りしたアンダラオッシを、ミラノの北、アルプスのふもとのコモ湖畔《こはん》の別荘《べっそう》にたずねた。

コモ湖は、アルプスの雪どけ水をたたえたうつくしい大きい湖《みずうみ》で、湖岸《こがん》には旅館《りょかん》や別荘が建《た》ちならんでいる。

アンダラオッシは、たてよこ大きな体におもそうな二重あごをしており、緑《みどり》の芝生《しばふ》で日光浴《にっこうよく》をたのしんでいたが、壮太郎を見るとゆっくりと笑顔《えがお》で立ちあがった。

壮太郎は、みやげの扇子《せんす》をわたし、かたい握手《あくしゅ》をした。

「三月には、蚕種を買っていただいてありがとうございました。来年もぜひよろしくおねがいします」

とたんにアンダラオッシの顔ががらりとかわった。

「島村《しまむら》の蚕種は評判《ひょうばん》がわるいですね」

「え！　島村のものは日本一のはずですが」

「しかし、ことしは日本の秋田《あきた》、埼玉《さいたま》よりわるかったですよ」

壮太郎は、体の中をつめたい風がふきぬけたようにおもった。

「わたしは、大勢の商人におろしていますから反響《はんきょう》は手にとるようにわかります。イタリアでは白繭《まゆ》と黄繭を交配《こうはい》した新品種ができてぐんぐん売り上げをのばしていますしね」

「黄繭というと、日本から輸出《ゆしゅつ》したものでは?」

「そうですよ」

アンダラオッシは、こともなげに言った。

白繭は大きくて糸量《いとりょう》がおおく、黄繭は小粒《こつぶ》だが病気につよい。

「それに、日本の蚕種《さんしゅ》は顕微鏡《けんびきょう》の検査《けんさ》がしてありませんからね。島村《しまむら》の蚕種を売りこむのにはよほど安くしないと……」

「いくらくらいですか?」

「四フラン(約一円一五銭《せん》)ですね」

「四フラン!」

「島村の蚕種も、むかしはよく売れましたけどねえ。いまは高値《たかね》の時の五分の一でも売るのがたいへんです」

アンダラオッシは、口をゆがめ肩《かた》をすくめた。

壮太郎《そうたろう》は、冷《ひ》や汗《あせ》が流れた。

「会社に、きいてみましょう」

「それでよかったら取引きしますよ」

アンダラオッシの二重あごがゆらいだ。

その後、壮太郎はなん人もの蚕種商人をたずねたが、島村蚕種の評判《ひょうばん》はわるく予約《よやく》はほとんどとれない。

そこで、社長の城吉《じょうきち》に電信《でんしん》で実状《じつじょう》をつたえ、四フランで予約してよいかと問いあわせた。すると、いままでの直輸出《ちょくゆしゅつ》もそのときの相場《そうば》で売っていたので、それでよいという返信があった。

壮太郎は、ほっと胸《むね》をなでおろしてアンダラオッシと契約《けいやく》した。

去年、痛い目にあったサビオとも、千枚《まい》を四フランで予約する。

その後、イタリアで人気のある蚕種をしらべてみると、一番人気はフランス産の金光糸種《きんこうししゅ》で、島村蚕種のなん倍もの高値で売れていた。二番目はイタリア産の白繭と、白繭と黄繭を交配《こうはい》したもの、日本種はつぎで、島村の蚕種は秋田、埼玉より人気がなかった。

壮太郎は、がっくりした。体にしみついていた島村蚕種の自信《じしん》がもろくもくずれさった。

会社に報告《ほうこく》し、今年は最高の蚕種を送ってくれるよう、イタリア人はよい蚕種なら高くても買うことをつたえた。

いっぽう、壮太郎は、イタリア各地のみわたすかぎりの麦畑《むぎばたけ》やオレンジ畑、ブドウ畑を見て、安定《あんてい》した農業につよく心をひかれた。

島村《しまむら》は、利根川《とねがわ》の洪水《こうずい》にいつもおびやかされている。

（わたしも将来、イタリアのような洪水のないひろい土地で農業をしたい）

壮太郎《そうたろう》の胸《むね》に安定した農業への夢《ゆめ》がめばえた。

また下宿さきの家族が、日曜日にかならず教会に行くのにおどろき、教会からきこえてくる賛美《さんび》歌《か》をこころよくきいた。

「わたしたちは、キリスト教をしんじています。神はわたしたちのどんな罪《つみ》もゆるしてくださるのですよ」

と、はれやかな顔でいう主人の言葉に心をうごかされたが、ふかく知りたいとまでおもわず、またゆとりもなかった。

明治《めいじ》一五年一二月、ミラノにきて一年ちかくたった壮太郎は、妻《つま》のゆりになんど目かの手紙をかいた。


ひさしぶりのおまえの手紙、よろこんでよみました。

おまえには、元気でよく父母の世話をし三人の子どもをそだてているとのこと、うれしくおもっています。わたしもはやく帰って子どもらの成長《せいちょう》した姿《すがた》を見るのをたのしみにしています。

ミラノもさむいけれど風がないのでしのぎやすく、ことに家の中ではいつも火をたいているので

3　イタリア直輸出

さむくはありません。

それにひきかえ島村《しまむら》は、今ごろ毎日西風がふいてさぞさむかろうとおもいます。栄太郎《えいたろう》も学校へかようのはたいへんとおもうから、さむくないように着物や頭巾《ずきん》をたくさんこしらえてください。子どもは学問にせいださせ、りこうな子にしたいとおもいます。

島村小学校をでたら、外国語だけはならわせたいものです。

この国の子どもは、よく勉強してりこうな子どもがおおいのです。

おまえも、あと一年半しんぼうして、母上の手伝いをしてくれるようくれぐれもたのみます。

わたしも家に帰ってからは、おまえに今までのようなそんきなことはいわないつもりです。イタリア人の女房《にょうぼう》を大切《たいせつ》にするようすをみて、おもいやりのない小言《こごと》を言って心配《しんぱい》させまいとおもいます。

帰るときは、金の指輪《ゆびわ》とサンゴの玉はかならず買って行きます。

わたしはイタリア語もわかるようになり、なにひとつ不自由なく元気ですが、ただただ家からとおくはなれているので、父母ならびにおまえと子どものことは、一日もおもわない日はありません。

わたしが帰るときには、鉄道《てつどう》もできているとおもうからおまえもかならず横浜《よこはま》までむかえにおいでください。そうすればいっしょに東京見物《とうきょうけんぶつ》もしたいとおもいます。

おまえには、はじめてききましたが、病《やまい》のために買《か》い薬《ぐすり》をのんで流産《りゅうざん》したとのことおどろきました。しかし丈夫《じょうぶ》になり、一命《いちめい》にかかわらなかったこと幸《しあわ》せにおもいます。これからは買い薬などはいたさず医者《いしゃ》の薬で養生《ようじょう》するようにしなさい。

わたしの写真《しゃしん》はそのうちかならずおくります。

母上にも手紙でかきましたが、ついでがあったら家中の写真をとって送《おく》ってください。

壮太郎《そうたろう》

ゆりどの

ゆりは、壮太郎の手紙をくりかえしよんでは頰《ほほ》ずりした。

(ごめんなさい。はやく帰って……)

妊娠《にんしん》したことは、壮太郎がイタリアへ行ってからわかった。

春になって蚕種《さんしゅ》づくりの準備《じゅんび》がはじまり、壮太郎がいないぶんゆりの仕事はふえた。体調《たいちょう》がわるくなったとき、半日がかりで医者にいきたいとはしんに言いだせず、買い薬でまにあわせてしまった。

(壮太郎さんがいてくれたら……)

と、その時つくづくおもった。

「仕事より体のほうが大事だよ」

母のしんのやさしい言葉を、ゆりは床《とこ》の中できいた。

年があけて三月、壮太郎《そうたろう》は島村《しまむら》の会社につらい手紙をかいた。

今までもたえず会社に仕事の報告《ほうこく》をしていたが、こんなに筆《ふで》がおもいことは初《はじ》めてである。


拝啓《はいけい》　社長はじめ皆様《みなさま》には御健勝《ごけんしょう》のこととぞんじます。

蚕種《さんしゅ》の売れ行きは、一月からずっとわるくじつにこまっています。

私《わたし》も心ぐるしく、社中の皆様のご落胆《らくたん》もいかばかりかとおさっしいたします。

四フランでなければ売れないことについて、社長の今までどおりに時の相場《そうば》でよいからとのお言葉に、客は見のがさずに安くても売っております。しかし客がこないのでどうにもなりません。

島村《しまむら》の蚕種が売れなくなったわけはいろいろあります。

ヨーロッパで猛威《もうい》をふるった微粒子病《びりゅうしびょう》は克服《こくふく》され、イタリア人は、みな顕微鏡《けんびきょう》でしらべた病気のない蚕種を買うようになりました。

その上、白繭《まゆ》と黄繭のかけあわせがよく売れています。

さらに島村の蚕種も顕微鏡検査《けんさ》にかけられ、微粒子病が見つかってしまいました。無病《むびょう》のものはいたってすくないようです。

こうして島村の蚕種は買い手がへってしまい、商人も農民もめんどうなことばかり言ってきて、安くなるいっぽうです。

またイタリアでは蚕種を買うのに現金《げんきん》ではなく、まず蚕《かいこ》を飼《か》ってみて繭《まゆ》の収穫量《しゅうかくりょう》の割合《わりあい》で代金《だいきん》をはらう約束が流行し、現金《げんきん》売りがますます困難《こんなん》になっています。

私たちは、島村の蚕種は最高と自信《じしん》をもっていましたが、今年の人気は秋田《あきた》、埼玉《さいたま》のつぎになってしまいました。よい蚕種をつくってくださるようおねがいいたします。

私は、仕事のかたわら微粒子病研究所にかよい、念願《ねんがん》の顕微鏡の使用法をまなびはじめました。

島村でも微粒子病のない蚕種をつくれば、外国と肩《かた》をならべ、直輸出《ちょくゆしゅつ》もまた活気《かっき》がでるだろうと希望《きぼう》をもっています。蚕種のうりこみも最後まで全力をつくします。

乱筆《らんぴつ》ながらご連絡《れんらく》もうしあげます。

田島壮太郎《たじまそうたろう》

島村勧業会社《しまむらかんぎょうかいしゃ》
社長　田島城吉《たじまじょうきち》様
御社中様

壮太郎の手紙を読んだ城吉と会社の役員たちは、壮太郎の帰国を検討《けんとう》し始めた。

7　微粒子病《びりゅうしびょう》を追《お》う

壮太郎《そうたろう》にまちにまった機会《きかい》がおとずれた。

ミラノにある養蚕学者《ようさんがくしゃ》スタラッサの微粒子病研究所《びりゅうしびょうけんきゅうじょ》で、顕微鏡《けんびきょう》の使用法と、微粒子病の防止《ぼうし》法《ほう》をまなびはじめたのである。

フランスの細菌《さいきん》学者でワクチンを発明《はつめい》したルイ・パスツールは、フランス政府《せいふ》から微粒子病の分析《ぶんせき》と予防法《よぼうほう》をたのまれ、ようやく顕微鏡をつかって微粒子病の原因《げんいん》をつきとめた。

微粒子病は、マラリアと同じ原生動物《げんせいどうぶつ》(アメーバ、ゾウリムシなど単一細胞《たんいつさいぼう》の下等微生物《かとうびせいぶつ》。原虫《げんちゅう》)による病気で、蚕《かいこ》が桑《くわ》をたべて伝染《でんせん》するほか、卵《たまご》をとおしてかならず親から子につたわる。

パスツールは五年間研究をつづけ、慶応《けいおう》三年(一八六七)、ついに病気のない母蛾《ぼが》の卵だけをえらべる「袋取《ふくろと》り法《ほう》」を開発《かいはつ》していた。

研究所のおもいドアをあけると、白衣《はくい》をつけた数人の研究員が、それぞれの机《つくえ》で黄金色《こがねいろ》の顕微鏡をのぞいている。

壮太郎は、胸《むね》をおどらせて足をふみいれた。

「おお、ソウタロウ。まっていましたよ」

額《ひたい》の広いあごのとがったスタラッサが、にこやかにむかえてくれた。

「よろしくおねがいします」

壮太郎は、スタラッサの毛深い手をきつくにぎった。

スタラッサは、壮太郎を一台の顕微鏡のまえにすわらせた。

机《つくえ》の上には、寒冷紗《かんれいしゃ》（目のあらいかための木綿《もめん》の布《ぬの》）の袋《ふくろ》と、小さいすり鉢《ばち》とガラス棒《ぼう》がおいてある。

スタラッサは、寒冷紗の袋から乾燥《かんそう》した母蛾《ぼが》をとりだした。

「羽をとり、小鉢《こばち》にいれてすりつぶしなさい」

「えっ、すりつぶすんですか？」

おもわず声をあらげると、スタラッサはしずかにうなずいた。

壮太郎は、干《ひ》からびた母蛾の羽をとりのぞき、小鉢にいれてガラス棒《ぼう》ですりつぶす時は、おもわず目をつむった。

その粉末《ふんまつ》に水をすこしくわえると、どろどろの液体《えきたい》になる。

スタラッサは壮太郎《そうたろう》を立たせ、ガラス棒《ぼう》についたわずかな液体《えきたい》を標本《ひょうほん》をのせる板の上におき、ガラスの板をかさねた。

そして上のレンズからのぞきながら器械《きかい》を調節《ちょうせつ》していたが、

「おお！」

と、はずんだ声をあげた。

「右目をつむって、左目で見てください。うす青い玉がみえるでしょう。それが微粒子病原虫《びりゅうしびょうげんちゅう》です」

壮太郎は、体があつくなった。

じっと目をこらしていると、からみあったほそい線や大小の玉のなかに、うす青い楕円形《だえんけい》のものが見えた。

「あ、見えました！　ひかっています」

（これが微粒子病原虫か……）

ふるさと島村《しまむら》の蚕種《さんしゅ》づくりの人たちを、かつてない繁栄《はんえい》から不況《ふきょう》のどん底におとしこんだ原虫《げんちゅう》。

それは手にすることもとらえることもできない、六百倍でなければ見ることさえできない微生物《びせいぶつ》であった。

やがてスタラッサは、小鉢《こばち》の液体をすて小鉢とガラス棒をきれいにあらった。

そして母蛾《ぼが》のはいっていた寒冷紗《かんれいしゃ》の袋《ふくろ》をすてた。

袋の内側には、ゴマ粒《つぶ》ほどの卵が五百個ほど産みつけられている。

「微粒子病は、蚕《かいこ》が桑《くわ》を食べても伝染《でんせん》しますが、母蛾から母蛾が産《う》んだすべての卵につたわります。そこで病気をもった母蛾の卵はぜんぶすててしまうのです。そのかわり微粒子病のない母蛾が産んだ卵はまったく病気がありません。これを『袋取り法』と言います」

壮太郎は、大きく目をみひらいた。

「では、すべての母蛾をひとつずつ検査《けんさ》するのですか？　気のとおくなるような話ですね」

「いや、はじめはそうでしたよ。でも今は微粒子病もずっとすくなくなりましたから、ひとつの蚕かごの中から、いく粒かの繭《まゆ》をえらんで母蛾をしらべればよいのです。でもその中に病気があれば、その蚕かごの繭《まゆ》はすべて焼《や》き捨《す》てます」

「そうですか。よくわかりました」

壮太郎は、一か月のあいだに七回研究所にかよい、「袋取り法」を完全《かんぜん》に習得《しゅうとく》した。

四　帰《き》郷《きょう》

1　失意《しつい》の帰国

明治《めいじ》一六年五月、壮太郎《そうたろう》の二度目の直輸出《ちょくゆしゅつ》はさんざんなものだった。二万枚《まい》の蚕種《さんしゅ》のうち、約七千枚しか売れず一枚平均三・七フラン（約一円）で、費用《ひよう》をさしひくと約七千円の赤字になり、一枚あたり三五銭《せん》の損失《そんしつ》をだしてしまった。

壮太郎は、夜くらい部屋で頭をかかえた。

（会社の人たちの期待《きたい》をひとりで背負《しょ》い、意気《いき》ごんでイタリアにきて一年半、自分なりに最善《さいぜん》をつくしたつもりがこのありさま……）

蚕種の注文《ちゅうもん》をとるため、日曜日返上《へんじょう》で商人をおとずれ、冷《ひ》や汗《あせ》をかきながら頭をさげてまわったが、ことわられつづけた。

めったにこない客に、ぎりぎり値下げしても売れなかった。

イタリアで微粒子病《びりゅうしびょう》のない蚕種ができたことや、世界の経済不況《けいざいふきょう》をかんがえても、屈辱感《くつじょくかん》と未熟《みじゅく》な自分への怒《いか》りがこみあげてくる。

（これからどうなるのだろう……）

壮太郎は、床《とこ》についても夜中に目がさめてしまう。

食欲《しょくよく》がなくなり、オペラに行く気もおこらない。

傷心《しょうしん》の壮太郎に、五月末のある日、追《お》い打《う》ちをかけるように「直《ただ》ちに帰朝《きちょう》せよ」という電信《でんしん》が会社からはいった。

電信をもつ手は、しばらくふるえが止まらなかった。

三年という契約《けいやく》を一年はやくきりあげ、のこりの仕事は直輸出の世話《せわ》をしているイタリア人のロカルリにまかせて、帰国するようにとのことである。

「わたしは、どんな顔をして会社の人たちにあったらいいのだろう……」

壮太郎はいきなり立ちあがり、壁《かべ》にむかってこぶしをふりあげた。

壁《かべ》からはにぶい音がはね返ってくるだけである。

ねむれぬ夜をすごした壮太郎をささえたのは、顕微鏡《けんびきょう》である。

（島村に帰ったら、顕微鏡をつかって微粒子病のない蚕種をつくろう。それしかない。群馬県《ぐんまけん》の民間で顕微鏡をつかえるのはわたしが初めてなのだから誇《ほこ》りをもとう！）

壮太郎は、おもい心をかかえたままオペラ鑑賞《かんしょう》にでかけた。

六月にはいり、残務整理《ざんむせいり》のかたわら会社に電信《でんしん》である提案《ていあん》をした。

「数人の上等製造人《じょうとうせいぞうにん》にたのんで、ことしとれた最高の白繭《まゆ》のメス蛾と黄繭のオス蛾《が》三〇万蛾をかけあわせ、母蛾《ぼが》をひとつずつ紙袋にいれておいてください。私《わたし》がその蛾を顕微鏡《けんびきょう》でしらべます。そして微粒子病《びりゅうしびょう》のある母蛾の卵はすて、無病の卵だけを輸出《ゆしゅつ》するのです。この方法で蚕種《さんしゅ》をつくれば、島村《しまむら》の蚕種も微粒子病のない蚕種として、イタリアに輸出できるとおもうからです」

会社から意味がよくわからないという電信がきたので、もう一度くわしく説明した。

それから会社と自家用《じかよう》、社長ら個人にたのまれた顕微鏡七台を買いもとめた。

六月なかば、ベネチアを案内《あんない》してもらうため、ベネチアの美術《びじゅつ》学校で彫刻《ちょうこく》をまなんでいる長沼《ながぬま》守敬《もりよし》をたずねた。二日間滞在《たいざい》し、長沼の案内《あんない》でサンマルコ寺院やベネチア美術館をおとずれた。

長沼はのちに東京美術学校教授《きゅうじゅ》になり、明治《めいじ》、大正《たいしょう》期を代表する彫刻家《ちょうこくか》になった。

七月はじめ、壮太郎《そうたろう》は帰国の途《と》につき、ミラノからローマにむかった。ローマにつくと、まずローマカトリックの本山《ほんざん》でキリスト教の世界最大の聖堂《せいどう》サン・ピエトロ寺院《じいん》を見学し、その壮大《そうだい》さに目をみはった。この寺院は初期ルネサンス式の代表建築《けんちく》で、中央《ちゅうおう》の大ドームはミケランジェロの設《せっ》計《けい》である。

それから日本公使館に浅野長勲公使《あさのながことこうし》を訪問《ほうもん》し、夕食にまねかれた。

浅野公使《あさのこうし》は、もとの広島藩主《はんしゅ》で知事もつとめた人である。

当時の日本は外国と対等《たいとう》に外交《がいこう》がむすべず、大使《たいし》でなく公使《こうし》しか派遣《はけん》できなかった。

ナポリでは、有名なポンペイの遺跡《いせき》を見た。

およそ二千年前、ベスビオ山の大噴火《ふんか》で繁栄《はんえい》の頂点《ちょうてん》にあったポンペイの町すべてが埋《う》まってしまったのである。

やく一五〇年前からはじまった発掘《はっくつ》は、三分の一すんだところで、住居《じゅうきょ》や寺院《じいん》、パン屋《や》などの町並《まちなみ》があらわれていた。すでに時計や上、下水道施設《しせつ》をもっていた古代イタリア人の知恵《ちえ》と文化におどろいた。

九月はじめ、横浜《よこはま》についた壮太郎は、迎《むか》えにでた会社の役員から、胸《むね》をつくふたつの話をきかされた。

一年前から体調《たいちょう》をくずしていた父の弥吉《やきち》が、とつぜん、一二日前に亡《な》くなったというのである。

四八歳《さい》であった。

「えっ！」

壮太郎は絶句《ぜっく》した。二か月の長旅《ながたび》が、うらめしかった。

また、国内売りの蚕種九千二百枚が九千二百円で売れたという。

（一枚一円で売れたとは！　わたしは一枚三五銭《せん》の赤字をだしてしまった。これではわたしのイタリア行きは徒労《とろう》ではないか？）

壮太郎《そうたろう》は、救《すく》いをもとめるように大勢《おおぜい》の出迎《でむか》えの人のなかに妻《つま》のゆりの姿《すがた》をもとめた。

(ゆりなら、このつらさをきっとわかってくれる……)

まもなくゆりとなつかしい再会《さいかい》をしたが、東京見物《とうきょうけんぶつ》はしなかった。

島村《しまむら》に帰って、大きくなった三人の子どもたちにおどろき、ひとりずつかかえあげて抱《だ》きしめた。

それから父の霊前《れいぜん》にひくく頭をさげた。

「とうさん。ただいま帰りました。おゆるしください。ご心配《しんぱい》をかけたままで……」

「仕事だもの。とうさんだってわかってくれるよ」

かたわらで、髪《かみ》が白くなった母のしんが涙《なみだ》をぬぐった。

それからみんなにみやげをわたしたが、その中にこげ茶色の袈裟《けさ》があった。

「なによ、どこで買ったの。お坊《ぼう》さんになるつもり?」

実家《じっか》にきていた妹のりょうが、わらいだした。

壮太郎は、肩《かた》から袈裟《けさ》をかけ両手《りょうて》をあわせた。

「インドで買ったのさ。ごめんなさい」

みんなはキョトンとしていたが、ゆりはうつむいて目をおさえた。

その夜、ごったがえした客《きゃく》もかえり、壮太郎はようやくゆりとむきあった。

ゆりは二八歳《さい》になっていた。壮太郎は二九歳《さい》である。

「ゆり、ながい間ごくろうさん」

壮太郎は、ゆりの骨《ほね》ばった指に金の指輪《ゆびわ》をはめ、大つぶのサンゴの玉をにぎらせた。

「ありがとうございます。ごくろうさまでした」

ゆりは、うるんだ目で壮太郎をみつめた。

「ようやく家に帰れたが、わたしは会社の人たちに大損《おおぞん》をかけてしまった」

壮太郎の顔がゆがんだ。

「おさっしします。でも、あなたは民間の蚕種《さんしゅ》づくりの人にはめったにできない顕微鏡《けんびきょう》がつかえるんですもの。すばらしいことよ。わたし、ほんとにうれしい！」

ゆりの満《み》ちたりた笑顔《えがお》に、壮太郎は救《すく》われるおもいであった。

「そうだった。ゆり、ありがとう」

壮太郎は、かたくにぎったゆりの手にはじめて涙《なみだ》をおとした。

2　微粒子病《びりゅうしびょう》のない蚕種《さんしゅ》

壮太郎《そうたろう》がイタリアから帰った明治《めいじ》一六年の島村《しまむら》は、全国の農村と同じに不況《ふきょう》であった。米がとれない島村では、ムギ、ヒエ、アワ、ソバなどを食べた。

小学校の予算《よさん》までけずられ、登校《とうこう》できない子どももふえた。

自由新聞は、「不景気《ふけいき》はいずこも同じことながら、わが上毛《じょうもう》は、景気《けいき》にして国中第一等と称《しょう》せし佐位郡《さいぐん》島村でさえも、見るに忍び《しのび》ざるほどの窮状《きゅうじょう》なり」という記事《きじ》をのせた。

さる五月には、群馬《ぐんま》県内で自由党員や甘楽郡《かんらくぐん》中心の農民ら三千人が、高利貸《こうりかし》や警察署《けいさつしょ》等を襲撃《しゅうげき》した群馬事件がおこっている。

壮太郎の帰国祝《いわ》いも、前とはうって変わり質素《しっそ》であった。

二年ぶりにあった村の人たちは活気《かっき》がなかった。

家の前で蚕種《さんしゅ》の直輸出《ちょくゆしゅつ》に反対し、今は船頭《せんどう》にもどった太吉《たきち》にであった。頬《ほほ》がこけた太吉は、黄色い歯《は》をむきだして言った。

「ごくろうさまでした。イタリアで蚕種は売れたかね」

壮太郎は、むかむかと腹《はら》がたった。

「わしははやくに蚕種から足をあらってよかった。先見《せんけん》の明《めい》があったかな」

壮太郎は、無視《むし》してとおりすぎる。

「あ、すまねえ。船頭も鉄道ができたんでお先まっくらさあね」

泣《な》きそうな声がおっかけてきた。

上野《うえの》、熊谷《くまがや》間に日本初の私鉄がとおったところである。

あくる年六月、上野、高崎《たかさき》間（高崎線）が開通するが、群馬県産の生糸《きいと》を、東京へ輸送するのが第一の目的であった。

島村にかえって三日目、壮太郎は、顕微鏡をもって社長の城吉《じょうきち》の家に挨拶《あいさつ》にでかけた。

城吉は、壮太郎をあたたかくむかえた。

「ながい間ごくろうさん。うちの顕微鏡も買ってきてくれたか。家の宝《たから》にするよ」

「このたびはわたしの力不足《ちからぶそく》で、社長はじめ会社のみなさんにご迷惑《めいわく》をおかけしましたこと、ふかくおわびいたします」

壮太郎は、こみあげてくるさまざまなおもいをおさえてわびた。

「きみは最善《さいぜん》をつくしてくれたよ。会社としても三年という契約《けいやく》をやぶってすまなかった。きみの手紙からも直輸出《ちょくゆしゅつ》はもう困難《こんなん》とおもわれたし、不況《ふきょう》で会社の資金《しきん》も底《そこ》をついてしまった。申《もう》しわけない」

と、城吉《じょうきち》は頭をさげた。

「社長のせいではありません。島村《しまむら》に帰って不況をまのあたりに見てなっとくしました。これからは顕微鏡《けんびきょう》をつかって微粒子病《びりゅうしびょう》のない蚕種《さんしゅ》をつくり、みなさんのお役《やく》にたちたいとおもいます」

「たのむ。そして全国にさきがけて無病の蚕種を売りだそう」

「わかりました。それからわたしが提案《ていあん》した三〇万蛾《が》の母蛾《ぼが》は、用意していただけたでしょうか」

とたんに、城吉は顔をしかめた。

「ああ例《れい》の。みんなに話してはみたが、自分の家の仕事がいそがしくて……。それに国内売りのほうが安全だというのさ。うちとお宅《たく》となん軒《けん》かやったが、母蛾はどれだけあつまるものか」

城吉の熱《ねつ》のない言葉に、

(わたしが言ったとおりにしてくれれば、来年も直輸出できたかもしれないのに……)

ここでも自分の夢《ゆめ》がくずれさるのをかんじた。

壮太郎《そうたろう》は、さっそく村の集会所で、あつめられた母蛾の検査《けんさ》をはじめた。

村の人たちが大勢《おおぜい》つめかけ、かわるがわる顕微鏡をのぞく。

「こんな小さい器械で、六百倍に見えるってほんとうかい？」

「うす青い玉が微粒子病だそうだ。あ、見えた、ひかっている！」

「はやくかわってくれ」

はじめの四、五日は仕事にならない。

検査をすると、母蛾からは想像した以上に微粒子病がみつかった。

びっしりと卵が産みつけられた寒冷紗の袋をつぎつぎすてる壮太郎に、検査を見ていた村の人たちは、顔をしかめて口ぐちにいう。

「ほんとにすててていいのかい。せっかくの蚕種をもったいない」

「しかたありません。そのかわり、病気のない母蛾が産んだ卵は病気がありませんから、それだけをふやしていくんです」

壮太郎は、きっぱり言った。

「ほう、来年の蚕種がたのしみだなあ」

壮太郎は、弟の成二や村の希望者に「袋取り法」を教えた。

顕微鏡の前にすわったときだけ、直輸出失敗の挫折感をわすれることができた。

こうして昼間は集会所にかよい、夜は弟の成二がつづけていた製糸場で、成二やゆり、女工たちとおそくまで働いた。

その年の暮《く》れもおしつまったある朝、ゆりは、女中《じょじゅう》のまんが雨戸《あまど》をあける音をきくと、起《お》きて身支度《みじたく》をはじめた。

とつぜん、玄関《げんかん》のほうから、

「おじさん、おばさん！」

という、女の子のかんだかい声がきこえた。

ゆりが、あわてて玄関《げんかん》をあけると、

「とうちゃんが、とうちゃんが……」

と、太吉《たきち》の次女《じじょ》でわかの妹が、泣《な》きながらゆりにとびついてきた。

ゆりは、女の子をしっかりだきとめた。

壮太郎が太吉の家にかけつけると、太吉は庭《にわ》の立木《たちき》に縄《なわ》をかけ首をつって死《し》んでいた。

壮太郎と子どもたちで、なきがらを座敷《ざしき》に北むきにねかせた。

太吉の妻《つま》のきれぎれの話によると、太吉は毎日借金《しゃっきん》とりにせめたてられていたという。

船頭だった太吉はかなりよい給金《きゅうきん》をとっていたが、バクチにこり、生活はくるしかった。一時蚕種をつくりまた船頭《せんどう》にもどったが、鉄道ができて船頭の仕事がほとんどなくなった。

青竹に白い旗《はた》をなびかせ、壮太郎を先頭《せんとう》に、葬式《そうしき》の行列《ぎょうれつ》は渡《わた》し船《ふね》で前島《まえっちま》にわたり、小高い丘《おか》の上の墓《はか》になきがらを埋葬《まいそう》した。

太吉《たきち》の家にもどると、富岡製糸場《とみおかせいしじょう》から帰ってきていた長女のわかが、壮太郎《そうたろう》に礼《れい》をのべてから言った。

「わたしはこんど家にもどって母と蚕《かいこ》を飼《か》い、妹が富岡製糸場に行くことになりました」

「それはよかった。それじゃ、わかちゃん、蚕のひまなときはうちの製糸場を手伝《てつだ》ってくれないかなあ。わかちゃんは本場《ほんば》でしこまれたんだから。どうだろう成二《せいじ》」

と、壮太郎が言うと、成二は、大よろこびで熱心《ねっしん》にわかをさそった。

「わかちゃんがきてくれたらはりきっちゃうぞ。おいでよ、ね！」

「ぜひ、おねがいします」

わかは、にっこりしてうなずいた。

あくる年、顕微鏡検査《けんびきょうけんさ》の成果《せいか》ははっきりあらわれた。

死《し》んだ蚕《かいこ》はすくなく、繭《まゆ》の収穫量《しゅうかくりょう》はおおい。

村の人たちの、壮太郎を見る目がかわってきた。

「顕微鏡というのはたいしたもんだ。壮太郎さんは、イタリアでむだな金をつかったんじゃなかったなあ」

と、感嘆《かんたん》の声があがった。

壮太郎は、ゆりにしみじみとはなした。

「これでいくらか肩《かた》の荷《に》がおりた。イタリアへ行った意味《いみ》があった」

「そうですとも」

と、ゆりは、やさしく壮太郎をみつめた。

顕微鏡で検査をした蚕種《さんしゅ》は、「微粒子病のない蚕種」として国内に売りだし、好評《こうひょう》だった。

のちに、『島村郷土誌《きょうどし》』は、

「ここにおいて本村の蚕種製造法の大革新《だいかくしん》をあらわす。そもそも本邦《ほんぽう》における蚕病予防法の濫觴《らんしょう》(物のはじまり)なりとす」

と、顕微鏡検査をたかく評価《ひょうか》した。

壮太郎が帰国したあくる年、政府《せいふ》は東京《とうきょう》に蚕病《さんびょう》試験場《しけんじょう》をたてて、微粒子病対策《たいさく》を政府の重要《じゅうよう》課題《かだい》として実施《じっし》した。

壮太郎は、東京の帝国《ていこく》大学（東大）や高等蚕糸《さんし》学校（農工大）から講師《こうし》にとまねかれたが、役人は好《この》まぬとすべてことわった。

会社では、五回目の直輸出《ちょくゆしゅつ》を計画し、代表者はおくらず直輸出の世話人《せわにん》のロカルリが一切《いっさい》ひきうけることになったものの、実現《じつげん》しなかった。

そして、一二年間島村《しまむら》をささえた島村勧業《かんぎょう》会社は解散《かいさん》した。

その後、勧業会社の設立者《せつりつしゃ》で直輸出《ちょくゆしゅつ》にも行った清作《せいさく》と、壮太郎《そうたろう》らが、北海道《ほっかいどう》で蚕種《さんしゅ》をつくり、国内売りからやがてはイタリアに直輸出しようと会社をたてた。

札幌近郊《さっぽろきんこう》の乾燥地《かんそうち》が養蚕《ようさん》にてきするというので、桑《くわ》の苗《なえ》一〇万本を植《う》え二、三年蚕種《さんしゅ》をつくってみたが、よい結果《けっか》がえられず、これも断念《だんねん》せざるをえなかった。

最盛期《さいせいき》には島村に二百数十人いた蚕種業者は、明治《めいじ》一八年には四〇人あまりになってしまい、蚕種五百枚が海外に輸出され、あとは国内で売った。それ以後輸出はなかったようである。

蚕種づくりをやめた人たちは、繭《まゆ》をとる養蚕《ようさん》にきりかえた。

蚕種は春一回だが、養蚕は春、晩秋《ばんしゅう》と蚕《かいこ》を飼《か》うことができる。

「ピリピリ神経《しんけい》をつかう蚕種づくりにくらべたら、糸繭《いとまゆ》は収入《しゅうにゅう》はすくないがなんと楽《らく》だんべ」

村の人たちは、そういって蚕を飼いつづけた。

いっぽう、生糸《きいと》は、不況《ふきょう》のなかでもひきつづき輸出の花形《はながた》であった。

島村《しまむら》にちかい伊勢崎《いせさき》や桐生《きりゅう》では、織物業《おりものぎょう》がさかんになり、伊勢崎では銘仙《めいせん》が国内用に、桐生では羽二重《はぶたえ》が輸出用におられて生糸の需要《じゅよう》がふえた。

壮太郎の家では、蚕種づくりのかたわら製糸場で生糸をつくったが、蒸気機関をいれたとはいえ、座繰《ざく》り製糸《せいし》は富岡製糸場やほかの大きな機械製糸場《きかいせいしじょう》の製品におとり、高値《たかね》では売れなかった。

やがて、弟の成二《せいじ》がわかと結婚《けっこん》した。

3　キリスト教に魅《み》せられる

明治《めいじ》一九年、壮太郎はイタリアから帰って三年たったが、直輸出の失敗《しっぱい》で会社の人たちの期待《きたい》をうらぎった心の傷《きず》は、いまだにいえていない。

五年まえ蚕種は安くなってしまったとはいえ、蚕種でしか生きられない村の人たちは、最後の望《のぞ》みを壮太郎の直輸出にたくしたのである。最初の年は安値でも八割《わり》売れたが、二年目は三分の一しか売れず大赤字をだしてしまった。

三年という契約《けいやく》を二年で帰国させられ、島村勧業会社は解散《かいさん》した。

壮太郎の直輸出の失敗は、村の人たちからせめられるようなことはなく、顕微鏡《けんびきょう》をつかって微《び》粒子病《りゅうしびょう》のない蚕種のつくり方を教えたことは高く評価《ひょうか》された。

しかし、未熟《みじゅく》な自分をなげき、罪悪感《ざいあくかん》からのがれられない。

壮太郎《そうたろう》は、イタリアで、人間のあらゆる罪《つみ》をゆるしてくれるというキリスト教の教えに心をひかれたが、教会にいく時間も気持のゆとりもなかった。

徳川幕府《とくがわばくふ》は、「日本人の海外への往来《おうらい》と外国との貿易《ぼうえき》はゆるさない。キリスト教も禁止《きんし》する」という、「鎖国《さこく》のおきて」をきめていた。キリスト教の信者《しんじゃ》は、信仰《しんこう》をやめるようせめたてられ、踏《ふみ》絵《え》でためされ、火あぶりや島流《なが》しの刑《けい》をうけた。

しかし、明治《めいじ》六年禁制《きんせい》はとかれ、キリスト教は公認《こうにん》された。

島村では、明治一〇年、かつて宮中《きゅうちゅう》ご養蚕《ようさん》に奉仕《ほうし》した栗原茂平《くりはらもへい》が、横浜《よこはま》でアメリカ人宣教師《せんきょうし》の話に感激《かんげき》し、村の人たちにキリスト教を説《と》いてまわった。はじめは受《う》けいれられなかったが、茂平は熱心に伝道《でんどう》をつづけ、のちに茂平と茂平の子孫は島村の教会の中心になる。

また、一回目のイタリア直輸出《ちょくゆしゅつ》に行った恭平《きょうへい》は、船の中でクリスマスにであい「愛《あい》と平等《びょうどう》を宗旨《しゅうし》とするキリスト教はすばらしい」と共感《きょうかん》した。

恭平は、キリスト教に関心をもちつづけ、明治一九年四月、自宅《じたく》で島村でははじめてのキリスト教の演説会《えんぜつかい》をひらくことになった。

壮太郎は、蚕《かいこ》の掃立《はきた》ての準備《じゅんび》におわれながら、演説会《えんぜつかい》の日を指おりかぞえてまっていた。

その日、壮太郎は、母のしんに、

「かあさんもキリスト教の話をききに行きませんか。とてもいい話らしいですよ。宣教師《せんきょうし》はアメリカ人だけど通訳《つうやく》がつくし、日本人の信者もなんにんか話をしてくれるから」

と、すすめると、しんは顔をしかめた。

「わたしはごめんだね。日本には先祖伝来《せんぞでんらい》の仏教《ぶっきょう》というものがあるよ。キリスト教なんて踏絵《ふみえ》だ島流しだと毛ぎらいされていたものを」

「それは一〇年以上《いじょう》もまえの話ですよ。外国にはすばらしいものがたくさんあります。顕微鏡《けんびきょう》がいい例《れい》でしょう」

「おまえは顕微鏡をならったけど、直輸出ではえらい目にあったじゃないか」

「かあさんはキリスト教のことがわかってない。キリストは人間の罪《つみ》を肩《かた》がわりして救《すく》ってくれるんですよ」

「おまえが、イタリアのことをいまでも気にやんでいるのはわかるよ。だからといってキリスト教でなくったっていいじゃないか。わたしは城吉《じょうきち》さんちへ仏教の話をききにいくからね。かってにおし」

仏教がさかんだった島村では、その日、城吉の家に東京《とうきょう》から高名《こうめい》な仏教学者をまねき、やはり演説会《えんぜつかい》があるという。

昼すぎ、壮太郎は、ゆりや次男、長女と恭平の家に行った。

長男栄太郎《えいたろう》は、東京英語学校（青山学院《あおやまがくいん》の前身）でまなんでいる。

恭平《きょうへい》の家には二百人あまりの人があつまっていた。

金髪《きんぱつ》ですいこまれるような水色の目をした宣教師《せんきょうし》は、やわらかい口調《くちょう》ではなした。

「全知全能《ぜんちぜんのう》の神は、そのひとり子イエスキリストを、人類《じんるい》のすくい主《ぬし》として人の世《よ》につかわしました。キリストは罪《つみ》ふかい人間の身代《みがわ》りとなり、すべての人の罪を一身《いっしん》にせおって十字架《じゅうじか》の上で血《ち》を流し死《し》にたもうたのです。いかなる人も、キリスト教をしんじることによって罪をゆるされ、救《すく》われるのです……」

あたりは、水を打《う》ったようにしずまりかえった。

宣教師の話は、壮太郎の心を嵐《あらし》のようにゆり動かした。

嵐はやがて心の闇《やみ》をふきはらい、壮太郎はここちよい大地にひとり、しずかに立ちあがる自分の姿《すがた》を見た。

宣教師にわけてもらった日本語にやくした聖書《せいしょ》を手に、足早《あしばや》に家にもどり部屋《へや》にとじこもった。

（わたしは、ながい間ひとりでなやんできた。イタリアでは世界のあつい壁《かべ》に虫けらのようにはじき返された。そんな未熟《みじゅく》ですこしの価値《かち》もないわたしを、神はゆるしてくださると言う）

壮太郎は、聖書《せいしょ》をひらき、文字をおいながら時のたつのをわすれた。

七月にもキリスト教の演説会《えんぜつかい》があり、恭平ら四人が島村ではじめて洗礼《せんれい》をうけた。

あくる年、恭平は自宅の敷地内《しきちない》の小屋を改装《かいそう》し、プロテスタント（キリスト教の新教《しんきょう》）の流れ

をくむ、島村《しまむら》の教会の前身《ぜんしん》になる講義所《こうぎしょ》をたてた。

そして、壮太郎《そうたろう》、次男、栗原茂平《くりはらもへい》、佐久郎《さくろう》ら二一人の島村《しまむら》の人たちと、本庄《ほんじょう》の人ひとりが洗礼《せんれい》をうけた。

その後、ゆりと子どもたち、かたくなな母も壮太郎がくりかえし説得《せっとく》して、壮太郎の家族《かぞく》全員が信者《しんじゃ》になった。

かつて横浜からねずに小判《こばん》をはこび、宮中《きゅうちゅう》ご養蚕《ようさん》一行の送迎人《そうげいにん》になり、島村の初代郵便局長《しょだいゆうびんきょくちょう》になった佐久郎も、熱心なクリスチャンであった。教会で入信《にゅうしん》をためらう人がいると、もってきた刀《かたな》のつばをならして入信をせまったという。

信者は規律《きりつ》がきびしく、禁酒禁煙《きんしゅきんえん》で素行《そこう》のわるい人は除名《じょめい》された。

島村にキリスト教が根《ね》づいたのは、蚕種《さんしゅ》業者で影響力《えいきょうりょく》のある地主《じぬし》たちが、まずキリスト教の平《びょう》等《どう》の思想《しそう》を吸収《きゅうしゅう》したことにより、村の人たちがキリスト教をうけいれる下地《したじ》をつくったといわれる。

いっぽう、城吉《じょうきち》を中心にした仏教演説会もおおく、島村では読経《どきょう》と賛美歌《さんびか》が交互《こうご》にきこえてきた。

しかし、宗教《しゅうきょう》のちがいから仕事や交友《こうゆう》関係にさしさわりがあるようなことはなかった。

4　新天地の開拓《かいたく》

明治《めいじ》二三年（一八九〇）夏のおわりごろ。

大雨がつづき利根川《とねがわ》はまたあふれた。

壮太郎の家では、床上《ゆかうえ》に水があがり畑《はたけ》はすべて水をかぶった。

製糸場《せいしじょう》は、生糸《きいと》と繭《まゆ》をからませた座繰機《ざくりき》と蒸気機関《じょうききかん》が泥《どろ》にまみれ、目もあてられないありさまである。

壮太郎は頭をかかえた。

桑《くわ》畑は、流れっ木や石をのぞけば桑が芽《め》をふき来年はまた蚕種をつくれる。しかし、製糸場にあたらしい座繰機をいれ蒸気機関を修理《しゅうり》するには、また借金《しゃっきん》をしなければならない。製糸場が再開《さいかい》できても、洪水《こうずい》におそわれないという保証《ほしょう》はない。

（いつになったら、しっかりした堤防《ていぼう》ができるのか）

壮太郎《そうたろう》は、歯《は》ぎしりした。

徳川幕府《とくがわばくふ》は、毎年のように利根川《とねがわ》の堤防《ていぼう》工事を着手《ちゃくしゅ》したが、ひくい堤防は洪水《こうずい》のたびにこわされた。

幕末《ばくまつ》になると、新田開発《しんでんかいはつ》のため上流の山林がきりはらわれて、土砂《どしゃ》が利根川の下流《かりゅう》に流れこみ川底があがって洪水がふえた。

しかし、幕府も新政府《せいふ》も、経済的《けいざいてき》なゆとりがなく堤防工事はほとんど行われなかった。

（製糸場はあきらめ、蚕種《さんしゅ》だけでも食べていけるが、子どもたちを教育するゆとりはない。どうしたらいいか？）

壮太郎の目のまえに、イタリアの見渡すかぎりのムギ畑やブドウ畑、オレンジ畑がひろがった。

（そうだ！　長い間の夢《ゆめ》だった洪水のない土地で農業をするしかない。村の人たちには微粒子病《びりゅうしびょう》のない蚕種のつくり方を教えて直輸出《ちょくゆしゅつ》の失敗《しっぱい》のおわびとお礼《れい》もできた。これからはキリスト教を心のささえにして、自分の新しい夢《ゆめ》に挑戦《ちょうせん》しよう！）

意気《いき》ごんだ壮太郎は、はたと行きづまった。

（蚕種づくりと製糸しか知らないわたしに、はたしてあたらしい土地を開拓《かいたく》できるか。ゆりや母もついてきてくれるだろうか？）

なやんだすえ、決心《けっしん》がついた。

（イタリアでは、自分の努力《どりょく》は世界の壁《かべ》にはばまれた。しかしこんどはちがう。自分の力で壁《かべ》をやぶり前進できるのだ。ゆりはなんとかつれて行こう！）

壮太郎が、まずおもいえがいたのは北海道《ほっかいどう》である。

おりしも明治政府《めいじせいふ》は、農村の不況を打開《だかい》するため開拓事業《かいたくじぎょう》を奨励《しょうれい》しており、北海道は第一の開拓候補地《こうほち》になっていた。

五、六年前、失敗したとはいえ壮太郎は島村の人たちと札幌《さっぽろ》で蚕種をつくっている。北海道は身近にかんじられた。

しかし、壮太郎にはふたつの気がかりがあった。ゆりの健康《けんこう》と、母の頑固《がんこ》さである。

ゆりは、ここなん年かリュウマチになやまされている。さむい北海道はつらかろうとおもった。

けれど壮太郎は、ゆりのいない生活はかんがえられない。

洪水のあと一か月も後始末《あとしまつ》におわれ、やっと畳《たたみ》の上にすわった時、壮太郎はゆりにきりだした。

「ゆり、わたしはずっと洪水のないひろい土地で農業をしたいとおもっていた。こんどの洪水で決心がついた。北海道へわたって開拓したいが、おまえの病気のことが気がかりだ。どうだろう？」

ゆりは顔色をかえてうつむいた。しばらく目をつむっていたが、やがてしずかに顔をあげ、壮太郎をみつめて言った。

「わたしのことは心配いりません。あなたについて行きます」

壮太郎《そうたろう》は、よろこびがこみあげた。

「よかった！　ゆりはわたしの片腕《かたうで》のようなものだから、行けないとこまるんだよ。ただ、さむい北《ほっ》海道《かいどう》はゆりにはつらいだろうな」

「大丈夫です。イタリアでは、冬は家の中で火をたくからさむくないという話でしたね。北海道だってきっとそうよ」

と、ゆりは、ほほえんで言った。

「ありがとう。これできまりだ！」

壮太郎は、はればれした顔ですっくと立ちあがった。

「問題《もんだい》は、かあさんだ」

しんは、髪に白いものがふえたものの富士《ふじ》びたいにしわもなく、蚕種《さんしゅ》づくりのときは、女衆《おんなしゅ》を指図《さしず》していきいきと働いている。

「かあさん、きいてください。こんどの洪水《こうずい》では製糸場《せいしじょう》までつぶされてしまい、やっと決心がつきました。顕微鏡《けんびきょう》はもう村の人にまかせられるし、これからは自分のやりたいことをやろうとおもいます」

「え！　まさか北海道へ行きたいなんていうんじゃないだろうね」

しんはうすうす、壮太郎のかんがえに気づいていた。

「じつはそのとおりです。家中で北海道に行って開拓《かいたく》したい。洪水《こうずい》のないひろい土地で農業をするのは、ながい間の夢《ゆめ》でした。ゆりは承知《しょうち》しました」

しんがあおくなり、顔がひきつった。

「とんでもない。先祖伝来《せんぞでんらい》の土地と蚕種づくりをすてるのかい。洪水なんて毎年のことじゃないか。キリスト教ではおまえが立ちなおれたっていうからわたしも信者《しんじゃ》になったけど、しらない土地に行ったたってえらい目にあうだけだよ」

と、まくしたてた。

「わたしだって、島村をはなれたくないですよ。でも蚕種の直輸出もなくなり、小さな製糸場は限《げん》界《かい》です。毎年のように洪水にあらされるせまい土地ではのびられません。今のままでは子どもたちに学問《がくもん》をさせるのも無理《むり》です。かあさんも行ってくれませんか」

「いやだね。死《し》んだって島村をはなれるもんか。親不孝《ふこう》者めが！」

（やっぱり……）

母の怒声《どせい》をうしろにきいて、壮太郎は部屋《へや》をでた。

壮太郎の決心はゆるがず、けっきょく母は、家と製糸場をつぐ成二《せいじ》、わか夫婦と島村にのこることになった。

まもなく壮太郎は、ひとりで北海道の視察《しさつ》にでかけた。

伊勢崎《いせさき》から両毛鉄道《りょうもうてつどう》（両毛線）で栃木県《とちぎけん》の小山《おやま》に行き、上野青森間《うえのあおもり》が全通してまもない奥州線《おうしゅう》（東北本線）にのりかえて那須野《なすの》が原《はら》をとおった。行けども行けども家ひとつない広野《こうや》がつづいている。

壮太郎《そうたろう》の目が広野《こうや》に釘《くぎ》づけになった。

（島村《しまむら》から一日たらずでこられる所に、こんなひろい土地があったとは！　北海道まで行くことはないじゃないか。ゆりもらくだろうし、島村にもいつでも帰れる）

壮太郎は、奥州線を途中下車《とちゅうげしゃ》して島村にもどった。

そして、那須野《なすの》が原《はら》の開拓《かいたく》についてしらべてみた。

那須野が原一万町歩《ちょうぶ》（一万ヘクタール）に、ながい間すむ人がなかったのは、交通の便《べん》がわるいわけでも土地がやせているためでもない。ただ水利灌漑《すいりかんがい》の便がなく、飲料水《いんりょうすい》を得《え》ることもむずかしかったからである。

印南丈作《いんなんじょうさく》、矢板武《やいたたけし》等による那須開墾社《かいこん》が、政府《せいふ》に強力にはたらきかけて明治一五年にまず飲料水路ができる。ついで一八年に大水路ができたがこれが那須疎水《なすそすい》である。

幸運《こううん》にも、壮太郎の親戚《しんせき》にあたる明治三筆《さんぴつ》（三人の有名な書家《しょか》）のひとり金井之恭《かないしきょう》が、那須開墾社の株《かぶ》をもっていることがわかった。

壮太郎は、東京にすんでいる之恭をたずね、北に赤城山《あかぎ》に似《に》た高い山がそびえる西那須野の土地

4　帰郷

二二町歩《ちょうぶ》（二二ヘクタール）をゆずりうけた。

明治二三年一一月、壮太郎は、東京英語学校を中退《ちゅうたい》した一六歳《さい》の長男栄太郎《えいたろう》と一三歳の次男、雇人《やといにん》一人、親戚の見送り人とともに西那須野の土をふんだ。三六歳である。

最初は家をかり、一か月ほどたって荒野《あらの》にちいさい家を建てた。

島村のにがい経験《けいけん》から水害《すいがい》のない高い土地をえらんだ。

西那須野は、島村と同じに冬から春にかけてからっ風がつよい。

あたり一面に土ほこりがまいあがり、家の裏《うら》には砂《すな》の土手《どて》ができるほどであった。豚小屋《ぶたごや》は豚ごととばされ、しまいわすれた洗濯物《せんたくもの》は一里《り》半（六キロ）はなれたとなり町までとばされたこともある。

壮太郎は、家のまわりに防風林《ぼうふうりん》の杉《すぎ》の木をうえた。

そして子どもふたり、雇人《やといにん》ひとりと夜明けから日がしずみ手元が見えなくなるまで、開墾《かいこん》の鍬《くわ》をふるった。

足もとの凍《こお》った土がカサカサとなり、手足にひび、しもやけがたえなかった。手のひらの豆《まめ》がさけ血《ち》が流れて泣《な》き言《ごと》をいう子どもたちを叱《しか》りつけ、励《はげ》ましつづけた。

株主《かぶぬし》みずから開墾《かいこん》の鍬《くわ》をふるったのは壮太郎がはじめてで、周囲《しゅうい》の人たちから尊敬《そんけい》の目でみられた。

しかし、四人では仕事がはかどらないので雇人《やといにん》をふやし、四月には開墾《かいこん》した土地が一町歩《ちょうほ》（一ヘクタール）ほどになった。

まず桑《くわ》の苗《なえ》をうえ、陸稲《おかぼ》をつくった。

広いやしき内には梅《うめ》、柿《かき》、桃《もも》の木等の果樹《かじゅ》や花木《かぼく》をたくさんうえた。それらはやがて花ざかりの梅の並木道《なみきみち》になり、庭《にわ》にはつつじの庭園《ていえん》ができる。

開拓《かいたく》にはいったあくる年、ゆりと子ども三人も移住《いじゅう》してきてにぎやかになった。

三年目には、島村《しまむら》の熱心なキリスト教一家と、洪水《こうずい》で家をうしなった二家族も入植《にゅうしょく》した。

その年、壮太郎《そうたろう》は西那須野《にしなすの》教会をたてた。

母のいる島村へは、春の蚕種《さんしゅ》づくりのたびにおとずれて手伝《てつだ》い、ふるさとをわすれることはなかった。

壮太郎は、養蚕《ようさん》と米の生産を主にしたが、西那須野の澱粉質《でんぷんしつ》のおおいじゃがいもをつかって澱粉製造組合《せいぞうくみあい》をつくったり、製粉工場《せいふんこうじょう》にも挑戦《ちょうせん》した。しかし、大手企業《おおてきぎょう》にはかなわずうまくいかなかった。

やがて西那須野村五代目村長にえらばれる。

ゆりは病気がちながら壮太郎をささえ、夫妻《ふさい》は一一人の子どもをもち、ふたりは夭折《ようせつ》したが、男子五人女子四人にそれぞれ教育をつけた。

男子ふたりと女子ふたりが、アメリカに移住《いじゅう》し、他のふたりの男子は牧師《ぼくし》に、女子ひとりは牧師の妻になった。

壮太郎は、昭和《しょうわ》一二年（一九三七）八二歳《さい》でなくなった。

晩年《ばんねん》の壮太郎は、大柄《おおがら》で外国の哲学者《てつがくしゃ》のような風格《ふうかく》があり、首から聖書《せいしょ》のはいった袋《ふくろ》をさげていつも笑顔《えがお》をたやさなかったという。

（完）

あとがき

その後の島村《しまむら》はどうなったでしょうか。

壮太郎《そうたろう》が、島村をさって二三年後の大正《たいしょう》二年から利根川《とねがわ》の改修《かいしゅう》工事がおこなわれ、六年後、幅《はば》約一キロの河川敷《かせんしき》をもつ堤防《ていぼう》が完成《かんせい》し、北部の西島、中州《なかす》の前河原《まえがわら》、前島《まえっちま》の家屋《かおく》は移転《いてん》して前島は廃村《はいそん》になり、洪水《こうずい》はなくなりました。

昭和《しょうわ》一六年、太平洋戦争がはじまると島村の四四戸の蚕種業者《さんしゅぎょうしゃ》は、政府《せいふ》の統制《とうせい》で、個人《こじん》でやっていた蚕種《さんしゅ》の製造《せいぞう》と販売《はんばい》をやめ、島村蚕種共同組合《さんしゅきょうどうくみあい》（のちに協同組合《きょうどうくみあい》）として出なおします。

蚕《かいこ》はそれぞれの家で飼《か》い、繭《まゆ》を組合の作業場にあつめ、そこで蚕種をつくって組合で販売するのです。

太平洋戦争中は生糸《きいと》の輸出《ゆしゅつ》がとだえて、組合はほとんど活動しませんでしたが、戦後の昭和二四年再興《さいこう》し、「蚕種組合は島村の経済《けいざい》を左右《さゆう》する」とまでいわれました。

あとがき

昭和二九年、島村出身のふたりの農学博士《のうがくはくし》が、「蚕種における性決定《せいけってい》に関する研究《けんきゅう》と、その応《おう》用《よう》」という遺伝《いでん》学の業績《ぎょうせき》で、学者としては最高の名誉《めいよ》である学士院賞《がくしいんしょう》をうけました。

橋本春雄《はしもとはるお》（六三歳《さい》）と田島弥太郎《たじまやたろう》（五四歳）です。

橋本博士《はくし》は、病気につよく生糸《きいと》をたくさんはく蚕をつくるため、交配《こうはい》するメス、オスの遺伝子《いでんし》の研究に着目《ちゃくもく》しました。その内容《ないよう》は、当時、世界的にも先例《せんれい》のない研究でした。

さらに橋本博士の研究を実証《じっしょう》したのが後輩《こうはい》の田島博士で、蚕糸業にとって画期的《かっきてき》な貢献《こうけん》になりました。品種改良《ひんしゅかいりょう》がよりやさしくなったのです。

博士は、その後も蚕種改良のためさまざまな研究をつづけ、糸量がおおく、病気につよい品種をつくりだしました。この品種は、日本全国の約半数の農家で飼育《しいく》されました。

いっぽう、太平洋戦争後の日本国内には、外国からナイロンをはじめあたらしい化学繊維《かがくせんい》が流れこんだため、昭和六三年、島村蚕種協同組合はついに解散《かいさん》しました。

いま、島村に桑《くわ》の木はみあたらず、村の人たちは近郊《きんこう》に就職《しゅうしょく》したり、大和《やまと》いも、ねぎ、ごぼうなどの野菜《やさい》づくりにはげんでいます。

組合のあった一角《いっかく》に、「島村蚕種業績《ぎょうせき》の地」という記念碑《きねんひ》があります。

島村の人びとのたどった夢《ゆめ》のあとがここにこめられております。

この作品は、実在《じつざい》した田島啓太郎氏《たじまけいたろうし》をモデルにして、長い年月をかけて書きあげました。

啓太郎氏のお孫《まご》さんの故篤次氏《ことくじ》、曾孫《そうそん》の公一氏《こういち》をはじめ、かぞえきれないほどたくさんの方がたのあたたかいご指導《しどう》と後押《あとお》しのおかげで、やっと本になりました。あつくお礼《れい》もうしあげます。

作品を書きはじめたとき、師事《しじ》していた詩人の故木村次郎《きむらじろう》先生は、「ライフワークにしなさい」とおっしゃいました。

当初《とうしょ》はまとまった資料《しりょう》が出版《しゅっぱん》されておらず、島村蚕種組合《さんしゅくみあい》につとめていた義兄《ぎけい》の紹介《しょうかい》で、お仲間《なかま》の方《かた》たちからいろいろお話をうかがったのです。

島村蚕種のリーダーだった故田島弥平《やへい》氏のご子孫《しそん》の健一氏《けんいち》には、大きな家や顕微鏡《けんびきょう》を見せていただきました。故田島群次郎《ぐんじろう》氏（田島弥太郎博士《やたろうはくし》の父上）は、雑誌《ざっし》に発表されたかず多くの記事《きじ》を見せてくださり、「島村のことを書いた人はいないから、ぜひ書いてください」と、お言葉《ことば》をかけてくださいました。

資料がそろってからもスケールの大きい話が私の手にあまっていたのですが、「虹《にじ》の会《かい》」の合宿《がっしゅく》に講師《こうし》でおいでになった故来栖良夫《くるすよしお》先生（歴史小説《れきししょうせつ》の大家《たいか》）に読んでいただいたところ、「題材《だいざい》がユニークで面白《おもしろ》いからあきらめないように」と、励《はげ》ましていただきました。

心にしみた、三人の方のお言葉がわすれられず、長いあいだ私《わたし》の支《ささ》えになりました。

啓太郎氏の生涯《しょうがい》や島村蚕種の歴史《れきし》は、事実にそっていますが、啓太郎夫人《ふじん》は、宮中ご養蚕《ようさん》にも

あとがき

行かれた才媛《さいえん》というお話を、作品があらましできてから知ったので、事実とは異《こと》なることを記《しる》します。

また、作品のなかの大洪水《こうずい》の年も変《か》えてあります。

登場《とうじょう》人物の田島という姓《せい》は本名ですが、お名前はそれぞれ創作《そうさく》しました。島村にキリスト教をひろめられた栗原茂平《くりはらもへい》氏は本名です。

出版《しゅっぱん》にあたりましては、ご指導《しどう》をいただいた銀《ぎん》の鈴社《すずしゃ》の西野真由美《にしのまゆみ》さま、柴崎俊子《しばさきとしこ》さま、表紙《ひょうし》、さし絵にすてきな絵をたくさん描《か》いてくださった日向山寿十郎《ひなたやますじゅうろう》氏に、ふかく感謝《かんしゃ》しております。

ありがとうございました。

二〇〇九年六月

橋本由子《はしもとよしこ》

参考文献

島村蚕種業者の洋行日記　境町

群馬県蚕糸業史（上・下）　群馬県蚕糸業会編

蚕の村の洋行日記　丑木《うしき》幸男《ゆきお》　国文学研究資料館編　平凡社

利根川と蚕の村　金子《かねこ》緯一郎《いいちろう》　上毛新聞社

那須の田嶋《たじま》の父祖たち　その思い出　那須田嶋きょうだい会

明治初期の日伊蚕糸交流とイタリアの絹衣装展　日本絹の里

蚕種　日本絹の里

皇居のご養蚕展　日本絹の里

養蚕新論（正・続）　田嶋弥平《やへい》

参考文献

境町史第一巻（自然編）　境町
絹の再発見　読売新聞社前橋支局　煥乎堂《かんこどう》
生物改造（私のシルクロード）　田島弥太郎《やたろう》　裳華房《しょうかぼう》
雄気堂々（上・下）　城山三郎　新潮社
百年の跫音《あしおと》（上）　高良留美子《こうらるみこ》　お茶の水書房
海を渡る豪商たち　横浜開港資料館
島小学校百年史　島小学校
島村郷土誌　島村役場
島村教会百年史　島村教会
カイコ　岸田　功《いさお》　あかね書房

〔解説〕上州《じょうしゅう》の養蚕《ようさん》業と絹《きぬ》産業について

「上州」とは、かつて日本の地方行政区分だった国の一つです。上野国《こうずけのくに》・上毛《じょうもう》とも呼ばれました。今の群馬県《ぐんまけん》とほぼ同じ地域のことです。

蚕《かいこ》を飼《か》って繭《まゆ》を作らせる産業が「養蚕業」です。その中には、養蚕農家に蚕の卵（蚕種《さんしゅ》）を供給《きょうきゅう》する「養種製造業」や桑畑《くわばたけ》を造成《ぞうせい》する「桑苗業《くわなえ》」も含《ふく》まれます。そして、繭から糸を作る「製糸業」、そして、蚕種や絹糸を産地から運ぶ「流通」などの分野があります。

蚕種業の起こり

島村《しまむら》（群馬県伊勢崎市境島村《ぐんまけんいせさきしさかいしまむら》）では、一八〇〇年頃には一二、三戸の農家が蚕種を生産していたといわれています。文政《ぶんせい》年間（一八一八～一八三〇年）、大洪水《こうずい》に幾度《いくど》となく見舞《みま》われ田畑が失われた島村は、大きな転向を余儀《よぎ》なくされました。このとき村の存亡《そんぼう》をかけて選《えら》ばれたのが、上流から運ばれてきた土を生かした蚕種業と、利根川《とねがわ》の沿岸《えんがん》という地の利を生かした通船業でした。

「清涼育《せいりょういく》」法

島村では、創意《そうい》・工夫《くふう》を積み重ね、蚕種業を発展《はってん》させてきました。そのひとつが、田島弥平《たじまやへい》が考案した「清涼育」法です。屋根の最上部にヤグラ（天窓《てんまど》または越《こ》し屋根）をつけて換気《かんき》に配慮《はいりょ》した自然飼育《しいく》法で、飼育日数はかかりますが、失敗の少ない方法でした。さらに、田島弥平は『養蚕新論』という蚕種・養蚕の技術書を七冊あらわしました。

島村蚕種業の黄金時代とヨーロッパへの蚕種直輸出

江戸時代末、島村の全戸数三〇〇戸余りのうち、約二五〇戸が蚕種業に従事《じゅうじ》し、島村蚕種業の黄金時代を迎《むか》えました。明治五年（一八七二年）、田島武平《ぶへい》は島村勧業会社を設立《せつりつ》しました。この設立にあたっては、のちに近代日本経済《けいざい》の父と呼ばれた渋沢栄一《しぶさわえいいち》の助言が大きな影響《えいきょう》を与《あた》えました。同年二月、渋沢栄一は田島武平あてに、会社設立の激励《げきれい》や融資《ゆうし》のことなどを書いた書簡《しょかん》を送っています。渋沢栄一は、慶応《けいおう》三年（一八六七年）〜明治《めいじ》元年（一八六八年）、フランス・パリの世界大博覧会《はくらんかい》に随行《ずいこう》して約一年間ヨーロッパに滞在《たいざい》しました。ヨーロッパの進んだ思想・文化・社会などを目《ま》のあたりにし、大きな影響《えいきょう》を受け、のちに実業家として活躍《かつやく》しました。

明治一一年（一八七八年）、島村勧業《しまむらかんぎょう》会社は、蚕種《さんしゅ》の市場開拓《しじょうかいたく》と販売《はんばい》のため、東京日吉《ひよし》町（銀《ぎん》座《ざ》八丁目）出張所《しゅちょうじょ》を設立《せつりつ》しました。これまで行われていた売込商《うりこみしょう》（中間業者）を通じて輸出《ゆしゅつ》するのではなく、外国人を出張所に招き直接販売する体制をとったのです。鎖国政策《さこくせいさく》を解除《かいじょ》して間もない時代、当時としてはかなり冒険的《ぼうけんてき》なことであったと思われます。また、島村勧業会社の蚕種を、品質の異《こと》なるほかの蚕種と区別するために、独自《どくじ》の商標《しょうひょう》を蚕種に貼《は》りました。

明治一二年（一八七九年）、第一回の直輸出担当者《たんとうしゃ》が島村からイタリアに向けて出発しました。渡欧《とおう》は全四回におよびました。こうした交流を通じて、一九世紀後半のヨーロッパの文化が島村にもたらされました。

島村と絹《きぬ》産業遺産群《いさんぐん》
――日本の近代化を支えた村の風景《ふうけい》が百年の時を越《こ》えてよみがえる――

明治のころ、日本の三大蚕種（蚕の卵《かいこ》）生産地のひとつであった島村は、その良質な蚕種でヨーロッパでも有名になるほどでした。また、この本で紹介《しょうかい》した島村の蚕種づくりのほかに、この地《ち》域《いき》には、多くの絹産業遺産の地が今もその姿《すがた》を残《のこ》しています。それが、群馬《ぐんま》県「富岡製糸場《とみおかせいしじょう》と絹産業遺産群」（世界遺産候補《こうほ》）です。

富岡製糸場

明治五年（一八七二年）、政府《せいふ》が日本の近代化のために最初に設置《せっち》した製糸場です。当時の明治政府は、富国強兵《ふこくきょうへい》（国を富ませ兵力を強めること）・殖産興業《しょくさんこうぎょう》（産業を盛《さか》んにすること）を重《じゅう》点施策《てんしさく》としており、「生糸《きいと》の輸出振興《しんこう》と品質向上《こうじょう》」が主な政策《せいさく》の一つとなっていました。工場建築《けんちく》を指導《しどう》したのは、フランス人のポール・ブリューナです。明治政府《めいじせいふ》に雇《やと》われたブリューナは、建設《けんせつ》地《ち》を富岡《とみおか》（群馬県《ぐんまけん》富岡市）に選定《せんてい》し、フランスから技術者《ぎじゅつしゃ》を連れてきたり、洋式の機械を日本人の体格《たいかく》に合うように注文して取り寄《よ》せたりしました。また、八時間労働・週一日休日といった働き方を導入《どうにゅう》し、工場内に診療所《しんりょうじょ》を併設《へいせつ》しました。

※尾高惇忠《おだかじゅんちゅう》（渋沢栄一《しぶさわえいいち》のいとこ）が、政府の官職《かんしょく》として建設当初から関わり、後に初代所長となり、娘《むすめ》のゆうも「工女一号」として入所しました。※尾高惇忠は「あつただ」と読むこともある。

富岡製糸場は、当時、世界最大規模《きぼ》を誇《ほこ》っていました。全国から多くの工女《こうじょ》が集められ、この模《も》範《はん》工場で器械製糸を学びました。工女たちは、帰郷《ききょう》して地元の工場で指導的《しどうてき》な立場で活躍《かつやく》し、日本の産業の近代化と器械製糸工業の発展《はってん》に大きく貢献《こうけん》しました。

世界遺産登録《いさんとうろく》をめざして

富岡製糸場を中心とした日本の絹《きぬ》や絹織物《おりもの》がアジアや世界に影響《えいきょう》を及《およ》ぼし、東西交易《こうえき》を促進《そくしん》させ、東西文化の交流をもたらしました。富岡製糸場は、日本の産業を世界に知らせるとともに、日本の文化・経済《けいざい》の発展に大きく貢献しました。富岡製糸場は、創業《そうぎょう》当初の施設《しせつ》が今も大切《たいせつ》に保存《ほぞん》され、一般《いっぱん》に公開されています。ヨーロッパの技術と日本独自の工法が融合《ゆうごう》してできた世界最大級の製糸工場は、近代日本を象徴《しょうちょう》する建造物《けんぞうぶつ》として百数十年の時を経《へ》た今も圧倒的《あっとうてき》な存在感《そんざいかん》で訪《おとず》れる人を魅了《みりょう》します。

「解説」参考資料
『日本のシルクロード』佐滝剛弘《さたきよしひろ》・著　中公新書
「第七回企画展　明治初期の日伊蚕糸交流とイタリアの絹衣装展」群馬県立日本絹の里
群馬県立日本絹の里、富岡製糸場の配布資料など

●：蚕糸業に関する事例　◆：その他に関する事例

西暦	時代	年号	群馬の絹のあゆみ	社会の動き
1913	(大正)	大正 2	○群馬県原蚕種製造所（現蚕業試験場）設置（蚕桑部廃止） ○県立蚕糸学校（現安中総合学園高校）開校 ○器械生糸の産額が、座繰生糸の産額を上回る	
1914		3		◇第一次世界大戦（～ 1918）
1915		4	○一代雑種の蚕品種、配付開始	
1916		5	◇官立桐生高等染織学校（現群馬大学）開校	
1920		9	◇不況のため、桐生・伊勢崎の織物市場が休業	○生糸価格大暴落、横浜取引所が市場閉鎖
1923		12		◇関東大震災
1927	(昭和)	昭和 2	○県主導の組合製糸･群馬社、前橋市に創立	◇金融恐慌始まる
1932		7		○製糸業法公布
1937		12	○群馬県繭検定所（現繭糸技術センター）開所	○繭検定規定標準公布（1936）
1939		14	○群馬県の収繭量、史上最高の 30,097 t を記録	◇第二次世界大戦（～ 1945）
1942		17	○群馬県繭糸販売組合連合会創立（群馬社、南三社等合併）	
1945		20		○蚕糸業法大改正
1951		26		○繭糸価格安定法公布
1952		27	○前橋乾繭取引所開所	
1954		29	●群馬県の繭生産 16,759 t 、全国一となる	
1958		33	○群馬県の養蚕農家戸数、戦後最大の 84,470 戸	
1959		34		○生糸市場好転し、輸出生糸、戦後最高の年間9万俵
1962		37	○この頃から年間条桑育体系が普及（摘桑→条桑収穫）	
1970		45	○この頃、稚蚕共同飼育所、900 ヶ所を越える ○この頃から省力飼育台が普及	
1975		50	◆伊勢崎絣、伝統的工芸品に指定 ○密植速成桑園の造成技術確立	
1977		52	○県養蚕連が(佐)東村に人工飼料製造施設を設立 ◆桐生織、伝統的工芸品に指定	
1978		53	○稚蚕人工飼料育が始まる（玉村町、笠懸村(町)でモデル飼育）	
1980		55	○群馬県稚蚕人工飼料センター、前橋市に設置	
1988		63	○稚蚕人工飼料育、普及率 50 %を越える	
1989	(平成)	平成元		○天安門事件等により原料繭が不足し、生糸価格高騰
1994		3	●「世･紀×二･一」（群馬オリジナル蚕品種）、国から指定	
1994		6	●群馬県稚蚕人工飼料センター、群馬町に移転整備 ●「ぐんま× 200」（群馬オリジナル蚕品種）、国から指定	
1995		7		○繭需要業者の撤退相次ぎ、産繭流通混乱
1997		9	○稚蚕人工飼料育、普及率 80 %を越える	
1998		10	●群馬県立日本絹の里開館	○蚕糸業法・製糸業法廃止、繭糸価格安定法改正

提供：群馬県立日本絹の里　日本絹の里 NIPPON SILK CENTER

群馬県蚕糸・通史年表

●：蚕糸業に関する事例　◆：その他に関する事例

西暦	時代	年号	群馬の絹のあゆみ	社会の動き
3世紀				◇『魏志』倭人伝に「蚕桑緝績」と記述
714	奈良	和銅 7	◇上野国から調（税）として初めて絁(あしぎぬ)献上（『続日本紀』）	◆『続日本紀』に上野国らの調、麻布から絁に変える記述(713)
927	平安	延長 5	（上野国は麁糸国として絁を献上する国←）	◇『延喜式』成立（産糸国を上糸国、中糸国、麁糸国に分類）
1600	安土·桃山	慶長 5	◇桐生領54カ村、旗絹を徳川家康に献上	◇関ヶ原の戦い
1639	江戸	寛永 16		◇鎖国の完成
1712		正徳 2	●馬場重久（現吉岡町）、『蚕養育手鑑』刊行	◇『和漢三才図解』に日野絹の記述
1713		3		○和糸の使用と養蚕の奨励策
1738		元文 3	◇桐生、京都の高機（紋織のできる織機）技術を導入	
1781		天明元	◇西上州で絹糸改会所設置（課税）に反対し、絹運上騒動	
1783		3	◇岩瀬吉兵衛（現桐生市）、水力八丁撚糸機を発明	
1794		寛政 6	●吉田芝渓（現渋川市）、『養蚕須知』刊行	
1843		弘化 4	◇この頃、馬見塚（現伊勢崎市）で、初めて絣の織込み成功	
1859		安政 6	●中居屋重兵衛（現嬬恋村）、横浜へ出店（生糸等の売込商として活躍） ◇糸価高騰で桐生村民が生糸輸出禁止を直訴	◆横浜開港（翌年、生糸が横浜の最大の輸出品となる）
1863		文久 3	●下村善太郎、前橋で三好善を経営（生糸荷主の中心として活躍）	
1865		慶応元	○上野・武蔵の蚕種屋、輸出を前提とした仲間結成	
1868	(明治)	明治元		◇明治新政府発足
1869		2	●永井紺周郎・いと夫妻（現片品村）、「いぶし飼い」を考案 ○前橋藩営の生糸販売所・敷島屋を横浜に開業	
1870		3	●高山長五郎（現藤岡市）、養蚕法「清温育」の普及始める ○日本初の洋式器械製糸所・前橋藩営製糸所設立	
1871		4		◇廃藩置県、第一次群馬県成立
1872		5	○田島武平ら（現境町）、島村勧業会社設立（蚕種製造·販売等） ●田島弥平（現境町）「清涼育」を確立し『養蚕新論』刊行 ●官営富岡製糸場操業開始(初代所長:尾高惇忠)	◇新橋－横浜間鉄道開通
1873		6	○船津伝次平（現富士見村）、桑苗増殖法「簾伏(すぶせ)法」考案	
1874		7	●星野長太郎（現黒保根村）、洋式器械の水沼製糸所開業	
1876		9	○星野長太郎、実弟新井領一郎を渡米させ、生糸を直輸出	◇第二次群馬県成立（初代県令 楫取素彦）
1877		10	◇森山芳平ら（現桐生市）、京都からジャガード機を購入 ●官営新町屑糸紡績所開所	
1878		11	○深澤雄象ら、精糸原社（改良座繰結社）を前橋に設立 ●碓氷座繰製糸社（のちの碓氷社）設立（現安中市）	
1879		12	○田島弥平ら（現境町）、蚕種直売のため、イタリアへ出発	
1880		13	●北甘楽精糸会社（のちの甘楽社）設立（現富岡市）	
1884		17	○養蚕改良高山社（現藤岡市）、県の設立許可	◆上野－高崎間鉄道開通（生糸輸送を主な目的）
1889		22		◇両毛鉄道、前橋－小山間開通
1893		26	●下仁田社、北甘楽精糸会社から分離独立（現下仁田町） ○富岡製糸場、三井に払下げ（1902～原合名会社、1927～片倉）	
1896		29	○県、農事試験場内に蚕桑部を設置	
1905		38		○外山亀太郎、一代雑種蚕の有利性を提唱
1909		42	◇1府14県連合共進会、前橋で開催（蚕糸・絹業の紹介多数）	
1912		45	◇下城弥一郎（現伊勢崎市）、力織機の工場経営開始	○蚕糸業法公布　○国立原蚕種製造所設立

絹産業《きぬさんぎょう》関連《かんれん》施設《しせつ》のご紹介《しょうかい》

群馬県立《ぐんまけんりつ》　日本絹《にっぽんきぬ》の里《さと》

〒370－3511　群馬県高崎市金古町888－１
電話：027－360－6300　FAX：027－360－6301

群馬県立日本絹の里は、繭《まゆ》や生糸《きいと》に関する資料や群馬の絹製品などの展示、
絹を使った染織体験《せんしょくたいけん》などにより、伝統《でんとう》ある群馬県の蚕糸《さんし》絹業の足跡《そくせき》と
天然繊維《てんねんせんい》であるシルクのすばらしさを紹介します。

http://www.nippon-kinunosato.or.jp

富岡製糸場《とみおかせいしじょう》

〒370－2316　群馬県富岡市富岡１－１
電話：0274－64－0005　ＦＡＸ：0274－64－3181

富岡製糸場は日本の文化・経済の発展に大きく貢献《こうけん》しました。
富岡製糸場に残されている「木骨《もっこつ》レンガ造《ぞう》」の建物は、
明治《めいじ》初期の木骨レンガ造の建物としては、完全な形で残る日本で唯一《ゆいいつ》のものです。

http://www 2.city.tomioka.lg.jp/worldheritage/index.shtml

著者紹介

橋本　由子

（はしもと　よしこ　本名：橋本ヨシ）


1931年　群馬県生まれ。

群馬県立太田女子高校卒業。

日本児童文学者協会会員。「虹の会」同人。

短編「ムジナモ」第７回日本童話会賞受賞。

「ミノガ・ミナ」第９回群馬県文学賞受賞。

著書「すきとおる草ムジナモ」（牧書店）

共著『群馬の童話』（リブリオ出版）、『群馬県の民話』（偕成社）、『サッちゃんきれいになったよ』（ポプラ社）、『にじのかいたはなし』虹同人３冊（上毛新聞社）。

日向山寿十郎

（ひなたやま　すじゅうろう）


1947年　鹿児島県生まれ。

幼児期に画家の叔父と、そこに寄寓していた放浪の画家、山下清氏を通し絵画の存在を知る。15才より洋画家に師事し、絵画の基礎を学ぶ。

後年、広告デザイン会社を経てグラフィックデザイナーとして独立。

1978年よりイラストレーターとして様々なジャンルの絵を手がける一方、ライフワークとしての「美人画」に新境地を開きつつある。

NDC 916
橋本由子作
神奈川　銀の鈴社　2018
212P　21cm　（上州島村シルクロード）

定価：一、二〇〇円＋税

ジュニア・ノンフィクション
上州《じょうしゅう》島《しま》村《むら》シルクロード
—蚕種《さんしゅ》づくりの人びと—

初　版—二〇〇九年七月　一日　二　刷—二〇一〇年七月一日
三　刷—二〇一八年二月一五日
著　者—橋本由子©　日向山寿十郎・絵©
発行者—柴崎聡・西野真由美
発　行—㈱銀の鈴社
〒248-0017神奈川県鎌倉市佐助一-一〇-二二佐助庵
電話　0467（61）1930
FAX0467（61）1931
URL　http://www.ginsuzu.com
印刷／電算印刷㈱　製本／渋谷文泉閣
（落丁・乱丁本はおとりかえいたします）

ISBN978-4-87786-538-2 C8095